建筑节能技术与实践丛书

Building Energy Efficiency Technology and Application

江　亿　主编

“西气东输”中天然气合理应用方式研究

Study on reasonable use of the natural gas transmission from the West to the East

田贯三　付　林　著

中国建筑工业出版社

图书在版编目（CIP）数据

“西气东输”中天然气合理应用方式研究/田贯三，付林著. —北京：中国建筑工业出版社，2009
（建筑节能技术与实践丛书）
ISBN 978-7-112-10743-8

Ⅰ. 西… Ⅱ. ①田…②付… Ⅲ. 天然气—应用—研究 Ⅳ. TU996

中国版本图书馆 CIP 数据核字(2009)第 013425 号

建筑节能技术与实践丛书
Building Energy Efficiency Technology and Application
江　亿　主编
“西气东输”中天然气合理应用方式研究
Study on reasonable use of the natural gas transmission from the West to the East
田贯三　付　林　著
*
中国建筑工业出版社出版、发行(北京西郊百万庄)
各地新华书店、建筑书店经销
北京嘉泰利德公司制版
北京建筑工业印刷厂印刷
*
开本:787×960 毫米　1/16　印张:14¼　字数:342 千字
2009 年 4 月第一版　2009 年 4 月第一次印刷
印数:1—2500 册　定价:**40.00** 元
ISBN 978-7-112-10743-8
(17676)

内容提要

本书是对天然气的合理使用进行全面分析和评价，给出天然气合理应用方式的一本专著。内容包括天然气的分类与特性，天然气供应系统的构成；国内外天然气的发展；天然气供气成本的三个组成部分的分析；天然气的燃烧与应用方式，通过对天然气各种应用方式的分析，确定采用如下的评价标准：根据使用天然气的经济性、城市范围内的减排量、能源利用率和用气不均匀性排队，为天然气的发展应用提供参考依据，降低供气成本，通过扩大供气规模提高经济与社会效益，避免盲目的发展天然气而引发的天然气供气紧张和利用率不高的问题。

本书适合于城市燃气工程、天然气工业、能源工程及相关领域有关专业的工程技术人员、经营管理人员、科研人员及有关高校的教师、研究生、本科生阅读参考。

责任编辑：姚荣华　石枫华　田启铭

责任设计：董建平

责任校对：安　东　孟　楠

建筑节能技术与实践丛书

编委会

总 序

能源是中国崛起的动力。要贯彻十六大报告里全面建设小康社会的历史任务、保证中国经济2020年比2000年翻一番，就不得不先解决能源问题。不容置疑的是，中国能源发展正面临着越来越严峻的挑战，能源供不应求和末端低效利用的矛盾越来越突出。而长期以来受“先生产、后生活”的计划经济思想影响，我国政府一直偏重于工业节能，而忽略了建筑节能。据统计，到2000年底，能够达到建筑节能设计标准的建筑累计仅占全部城乡建筑总面积的0.5%，占城市既有采暖居住建筑面积的9%，绝大部分新建建筑仍是高能耗建筑。

需要注意的是，伴随着我国城市化的飞速发展，建筑能耗所占社会商品能源总消费量的比例也持续增加，对国民经济发展和人民的正常工作生活的影响日益突出。例如，我国空调高峰负荷已经超过4500万kW，相当于2.5倍三峡电站满负荷出力。由于这期间工业结构调整导致电力消费持续下降，空调负荷的增加才没有使得电力供应不足的问题过于凸现。然而，随着工业结构调整的完成和经济的继续增长，工业生产能耗的降低将难以补足建筑能耗的飞速增加，建筑能耗增加导致能源短缺的问题将更加突出。据统计，目前建筑能耗所占社会商品能源总消费量的比例已从1978年的10%上升到25%左右。而根据发达国家经验，随着我国城市化进程的不断推进和人民生活水平不断提高，建筑能耗的比例将继续增加，并最终达到35%左右。因此，建筑将超越工业、交通等其他行业而最终成为能耗的首位，建筑节能将成为提高全社会能源使用效率的首要方面。

建筑节能的经济效益和社会效益无疑是十分巨大的，然而长期以来单纯依靠建筑节能设计标准中强制性条文实施却难以得到推动，这既有政策法规的原因，也与缺乏深入地开展科学建筑规划与设计、加快节能新技术的开发及应用有关。

20 世纪 90 年代以来，清华大学建筑技术科学系在优化建筑规划设计（从小区微气候模拟预测优化到建筑单体节能模拟设计优化）、加强新型建筑围护结构材料和产品的应用与开发、高效通风与排风热回收装置、热泵技术、降低输配系统能耗、新型空调采暖方式开发（如湿度温度独立控制系统）、区域供热与能源规划研究、建筑式热电冷三联供系统研究等领域开展了全面的科研和实践工作，并得到了国家自然基金委、科技部、建设部、北京市科委、北京市政管委、北京市发改委等各级部门的大力支持，完成了大量理论成果和应用成果。本系列丛书即是这些成果的纪录。

清华大学近年来承担的与建筑节能相关的大型项目

项目名称	项目来源	期限
住区微气候的物理问题研究	自然科学基金委重点项目	1999 ~2004
与城市能源结构调整相适应的采暖方式综合比较	建设部	2001 ~2003
北京市采暖方式研究	北京市政府科技顾问团项目	2002 ~2004
新建建筑能耗评估体系与超低能耗示范建筑的建立与实践研究	北京市科委	2002 ~2004
区域性天然气热电冷联供系统应用研究与示范	北京市科委	2002 ~2004
绿色奥运建筑评估体系及奥运园区能源系统综合评价分析	北京市科委	2002 ~2003
奥运绿色建筑标准研究	科技部 奥运十大科技专项之一	2002 ~2003
SARS 在空气中的传播规律	自然科学基金委	2003 ~2003
湿空气处理过程的热力学分析及应用	自然科学基金委	2003 ~2005
溶液除湿空调系统应用研究与示范	北京市科委	2003 ~2004
天然气末端应用方式研究	中国工程院咨询项目	2004 ~2005
降低建筑物能耗的综合关键技术研究	科技部 “十五”科技攻关项目	2004 ~2006

建筑节能是一个系统的工程，应该立足于我国不同建筑的用能特点和建筑的全生命周期过程，在规划、设计、运行等各个阶段通过技术集成化的解决手段，降低建筑能源需求、优化供能系统设计、开发新型能源系统方式、提高运行效率。基于此，本丛书对相应的技术方法、要点进行了系统全面地阐述。其中既包括前沿基础技术研究成果的综述与探讨，也提供了工程应用背景强的技术成果总结；既突出了先进技术研究在建筑节能中的指引作用，也注重对一些经验性成果进行总结和罗列来直接指导工程设计。特别地，还通过“清华大学超低能耗楼”这一集成平台，把各种技术的集成应用给予了示范。

本套丛书能顺利出版，得到了中国建筑工业出版社张惠珍副总编和姚荣华、田启铭、石枫华编辑的大力支持，在此表示深深的谢意。

衷心希望本丛书的出版能对我国建筑节能工作的全面开展有所助益。

江　亿

中国工程院院士

清华大学建筑节能研究中心主任

2005 年 3 月

序

天然气是目前世界上使用的最主要的化石能源之一。与燃煤和燃油相比，燃烧天然气相对清洁，便利；使用天然气作为化工原料，也比燃煤、燃油优越。正因为如此，近二十年来，天然气大量替代燃煤燃油，全球逐渐进入“天然气时代”。然而在我国，天然气占一次能源总量的比例不到4%，尽管“西气东输”工程的陆续投入、大型气田的不断发现以及沿海大型LNG（液化天然气）码头与气化装置的陆续完成，天然气在我国一次能源中的比例也很难超过8%。那么，应该如何发展我国的天然气应用？是参照大多数发达国家走过的路，逐步用天然气替代燃煤燃油，向“天然气时代”迈进；还是根据我国具体的资源、能源结构特点和大气环境压力状况，充分发挥天然气清洁纯净的特点，合理规划、优化利用这一极为有限的资源？中国是经济活动和能源消费大国，目前中国能源消费总量已超过全球能源总消费量的1/8。与能源消费小国相比，中国的能源供应不可能主要依赖于进口，否则将严重影响我国的能源安全，同时还将严重影响全球的能源市场。中国的能源供应系统必须建立在国内能源和资源状况的基础上，同时尽可能多地争取利用国外能源，减缓我们的能源资源的消耗。这是我国能源规划的基本出发点，也是天然气应用的基本出发点。由于我国天然气资源的不足，由于我们不可能从国外获得稳定、充足、可靠的天然气供应，我国的天然气应用就不可能按照目前大多数发达国家的“全天然气”模式，而必须根据我国的特点，各类能源综合平衡，统筹兼顾，使每一类能源得到最佳的利用。

出于这个目的，2002年起，作为中国工程院的咨询项目，我们开始了中国天然气末端合理应用方式的研究。当时“西气东输”工程即将投入，东部各城市的普遍反应是天然气价格相对太高，在大多数场合都会因为能源成本过高而难以大规模应用。由此造成的顾虑是如何相对合理地用掉“照付不议”要求的基本用量。为此，除了对各类末端应用方式的能源利用效率、减少向大气排放量的效果、对生产或服务过程的改善等因素进行逐项分析外，还研究了天然气采、输各环节的成本，试图找到通过改进定价机制，促进合理应用的途径。然而还没到这一研究课题结束，天然气的需求状况就已经有了巨大变化。从2003年起我国连年的能源消费增长速度超过GDP增长速度，能源短缺和各类一次能源价格的上涨，导致各领域对天然气需求的急速增加。2005年初北京市甚至一度由于天然气缺乏，提前停止了天然气采暖供应。西气东输沿线的许多天然气应用项目也由于供气不足而停工待气。面对这种形势，针对各类天然气可能的末端应用，从获取最佳的能源利用率和最大的污染物减排效果出发，科学地规划天然气应用范围，把有限的宝贵的天然气资源用在最适当的地方，就成为非常重要和非常急迫的任务了。

这项工作主要是田贯三教授在其清华大学博士后工作期间所完成。付林教授和他所领导的城市能源研究课题组的同志也投入不少精力于这项工作。书的全文主要由田贯三教授完成，付林等同志又补充了关于天然气采暖和天然气热电联产等方面的内容。田老师进入清华大学博士后工作站后，把天然气应用方面的研究带入清华，填补了我们多年来在天然气应用研究上的空白，从而有可能在城市能源规划研究中更全面地考虑各类一次能源的综合利用和优化组合，使我们的城市能源规划方面的工作有了质的提高。在此感谢田老师对清华建筑节能中心发展所作的重要贡献。

无论是天然气输气管线建设还是LNG的建设，在工程投入初期的短期内往往出现供大于需的现象，这是由于供应端的一次性巨额增长和使用端负荷的逐渐增长的性质所决定。而长期的需大于供的问题又是由我国能源结构的特点和经济与社会发展的规律所决定。不认清在这一领域的长远规律与短期现象的矛盾，为了满足短期内“照付不议”的协定，盲目发展许多不适当的天然气末端需求，导致资源浪费和建设投资的浪费，同时也会严重干扰天然气应用的长远发展。在这件事上我们已有了不少教训。希望从科学发展观出发，按照科学规律办事。在考虑地方、局部利益的同时，更要从全局优化，长远规划考虑和决策。这样才能够善待我国宝贵的天然气资源，使它在我们的现代化建设和改善大气环境中起到其应有的作用。这本书是我们从这一考虑出发的一些初步工作。如果它能够在我国天然气事业的发展中起到上述所说的一点作用，那么作者就是很欣慰的了。

江 亿

于清华大学节能楼

2008 年国庆节

前　言

由于煤炭、石油等矿物能源的过度使用，产生的大量 SO_2、NO_X、CO_2 和烟尘，对大气环境造成严重的破坏作用。特别是因大量烧煤造成的城市大气污染，已经成为亟待解决的问题。从国际经验看，治理大气污染根本的途径是优化城市的燃料结构，使用清洁燃料，其中发展城市天然气是可选择的最佳方案之一，世界各国均以发展城市燃气作为改善城市环境的重要措施之一。为了解决城市大气污染问题，我国从20世纪末开始对城市能源结构进行调整，在未来的二三十年内将大力发展城市天然气。目前除陕京一线、二线将陕甘宁天然气输送到北京和西安等城市、西气东输一线将西部天然气输送到上海等地、正在建设的二线将引进的土库曼斯坦和哈萨克斯坦天然气输送到华南地区、川渝天然气输送到武汉等华中地区和上海地区外，加快开发海上天然气，在沿海建设进口液化天然气基地，国家还计划引进俄罗斯天然气，增加天然气在能源结构中的比重。近年来我国城市气化率不断提高，特别是城市能源天然气化，可使长期困扰和阻碍城市经济持续发展的大气污染，如 SO_2、NO_X 和烟尘的污染得到有效的控制。

2004年我国天然气生产量达到407亿 m^3，2005年，全国生产天然气499.5亿 m^3，同比增长22%，销售量为403亿 m^3，销售量增幅达34%；2006年，我国共生产天然气595亿 m^3，比上年499.5亿 m^3 增长96亿 m^3，年产量位居世界第11位，跨入世界天然气生产大国行列。

2005年我国天然气的产量在一次能源生产结构中占3.3%，消费量在一次能源消费结构中占2.9%。随着天然气工业的快速发展，我国的能源结构将逐步得到改善。2005年我国天然气消费结构中化肥及其他化工产业、城市燃气均占31%左右，2005年与2004年相比城市燃气所占比重增长较快，上升了两个百分点。目前中国天然气消费以化工为主，预计今后天然气利用方向将发生变化，会主要以城市气化、以气代油和以气发电为主，其中城市燃气将是中国主要的利用方向和增长领域。

中国天然气产量及消费量现状及发展预测，2004年与2005年我国天然气产量分别为407亿m^3和499.5亿m^3，消费量分别为390亿m^3和460亿m^3。十五期间天然气产量和消费量都分别年均增长13%左右。随着天然气勘探水平的提高和探明储量的不断增长，2010年我国天然气产量将达到850亿m^3，2020年将达到1300亿m^3。但由于生产增长慢于消费增长，同期天然气需求量将分别达到1000亿m^3和2100亿m^3，缺口约150亿m^3和800亿m^3，未来供给缺口将逐步增大。为了弥补天然气市场缺口，我国必须进口天然气。进口方式主要有两种：一是利用陆上管道从俄罗斯、哈萨克斯坦进口天然气；二是在沿海地区设立接收站，从东南亚、中东和澳大利亚进口液化天然气（LNG）。随着国家能源安全和能源多元化政策的实施，我国将形成“西气东输”、“北气南输”、“海气上岸”、“LNG登陆”等多气源互补的天然气安全供给格局，天然气的开发利用有着长期稳定的可靠资源保障。

中国天然气主要用于油气田开采、化工、工业和发电等领域，其中油气田开采自用约占30%，天然气消费占的比例约为70%，其中化肥生产占了38.3%。据统计，中国石油天然气公司2005年销售222亿m^3的天然气销售量中，城市燃气占40.57%（包括由城市管网供应的住宅—商业、工业、发电等），化工原料占40.72%，工业燃料占15.21%（由天然气部门直接供应），发电占3.5%（由天然气部门直接供应）。而全球天然气整体消费结构中能源部门自用（不含发电）12.1%、发电29%、工业（不含原料）25.7%、原料4.1%、住宅—商业（含农业）29.1%，其化工仅占4.1%，我国化工用气比重超过40%，明显偏高。另外，目前我国还有化肥出口，化肥在国际市场上的价格优势也主要来自于廉价天然气，这就相当于我们从国外高价进口了天然气，制成成品后，又低价出口。居民用气在天然气消费结构中所占比例不到11%，采暖用气占8%~10%左右，大力发展天然气采暖和煤改气工程，造成天然气供气的季节不均匀负荷巨大，使2004~2005年和2005~2006年冬季全国范围内严重缺气，使一些天然气利用率高的汽车和工业等用户被迫停气，例如2004~2005年冬季北京就有上千辆公交汽车由烧气改烧油，对停气的工业企业用户造成巨大的损失。一些建成的天然气发电厂因为气源不足也存在利用率不高的问题。为了解决季节用气不均匀性，投入大量资金修建地下储气库保北京地区的采暖用气，使天然气的供气成本进一步提高，同时气库垫层气又降低天然气的有效供应量。由于我国天然气资源有限，目前盲目发展天然气用户，造成天然气供不应求，使许多建成的天然气输配系统利用率低，造成很大的经济损失。如采用大型天然气锅炉房，体现不出天然气作为低污染优质燃料的特点，许多工业用户也简单的煤改气，炉体保温不好，加热工艺落后，排放的高温烟气余热不能高效利用。同时，这种突击性的发展用户，给一些用户造成巨大的经济压力，对用气末端设备投入不足，选择一些成本和效率低的用气设备，致使天然气的利用率低。有些用户的减排效果不明显，例如大型燃气锅炉集中采暖，浪费天然气资源。预计2008年中国天然气供气量可达800亿m^3（含进口天然气），天然气在一次能源消费结构中所占比例将增加到5%。

迅速增加天然气供应量，这也是城市用能及环境建设发展的必然趋势。到2020年我国的天然气用量将由目前占总能源结构的4%提高到8%~10%。我国天然气发展规划中涉及天然气利用的城市约四百余个，我国能源资源的主要构成还是煤炭。天然气资源的人均拥有量远低于世界平均值。因此天然气对我国来说是珍贵的战略资源，而不是取之不尽可随意消耗的资源。即使仅从资源利用上看，也需要合理、有效、恰当地使用天然气。

在西气东输和大规模引进天然气实现后，天然气大规模使用时，即有必要深入规划和规范天然气的合理使用，并研究相关政策，使有限的天然气得到合理的使用，为我国的节能减排作出最大的贡献。本书的目的是对天然气的合理使用进行全面分析和评价。

1. 评价方法

(1) 经济性

天然气目前的价格是产生同样热量的燃煤价格的3~5倍。国际上天然气的价格一般为石油的70%~80%，虽然我国天然气井口价格不高，但用户（指用于城市燃气部分）价格不低，随着我国进口天然气的增长和井口价格的提高，天然气的价格将会继续不断增加。各类用户使用天然气后，燃料成本会不断提高，我国许多地区，特别是使用LNG和CNG的用户，气价已接近这个水平。如果简单地把燃煤替换为天然气，对许多用户就会造成沉重的经济负担，特别是工业企业和化工用户，如果燃料成本过高，或者用气末端采用热效率不高的工艺或设备，可能导致产品失去竞争性，如果用户因为价格不能接受，简单地拒绝使用天然气，又会严重制约西气东输的正常运行和投资回报。末端负荷的不足反过来又会进一步加大输气成本和末端燃气价格，进一步使问题恶化。国际的研究工作也表明，天然气到来之后，在市场经济条件下，特别对发展中国家，城市燃气的发展还存在许多风险性。特别是随着我国进口天然气的增加，天然气的价格在一定程度上随国际市场上石油的价格变化而波动，这会对一些用户造成较大的冲击。因此，应对各类用户使用天然气后的经济性进行分析，作为评价能否使用天然气的依据。

(2) 环境减排

根据目前大气环境情况，可分为区域大气环境减排和城市环境减排。

①大气环境　从全球和区域大气环境来讲，大量采用天然气这一洁净燃料替代煤，可使SO_2、CO_2、NO_X和烟尘等污染的排放得到有效的控制，由于我国目前天然气作为燃料的份额太少，目前作为燃料的总量不超过一

次商品能源的4%，无论何种用户应用，对大气环境来说减排量相差不会太大，因此，在本研究中不以大气环境减排作为分析天然气合理利用的依据。

②城市环境　由于我国城市大气污染主要来源于燃煤，随城市能源天然气化，可使长期困扰和阻碍城市经济持续发展的大气污染，如 SO_2、NO_X 和烟尘的污染得到有效的控制。但是用天然气取代煤后，不同用户的减排量是不同的，从使用天然气主要目的是减轻城市污染的角度出发，应该优先发展替煤减排量大的用户。因此，对各种用户的减排量进行全面分析，作为从环境角度确定优先发展用户的依据。

（3）利用率（节能效果）

对不同的用户天然气替代煤后，其替煤效果也不同，如何评价用户用天然气替代煤的效果，主要有以下几种评价方法：

①按等热量评价，就是按使用煤和天然气有效等热量来分析天然气的利用率、替煤量和节能效果，该法的优点简单明了，人们易接受。缺点是该法仅从热量守恒来评价天然气替煤后的节能效果，未考虑优质能源有较高的能效系数，不考虑能源的品质高低，不十分科学。

②按能质系数评价，所谓能质系数就是天然气与煤的发电效率之比，用能质系数评价天然气替煤后的节能效果，考虑的天然气和煤的品质差异，从能源利用的角度看相对比较客观。但评价的结果是多发电，由于我国天然气资源比较匮乏，发电不是我们发展天然气的目的，发展天然气的主要目的是改善城市大气环境，因此，在天然气十分短缺的今天，该法也不科学。

③按资源量评价，国外的研究工作者根据天然气的资源状况将发展燃气的国家分成三类，资源丰富程度不同的国家应采取不同的利用对策。我国是属于短缺的国家，我国天然气储量约占世界储量的1.2%左右，人均天然气约为世界平均量的13.2%左右，天然气是枯竭性资源，不可再生。因此，在使用时，不能按天然气资源丰富的国家的使用方法使用，按资源量评价天然气的各种应用方式，对节约天然气有积极的意义。目前我国发展

天然气有点大跃进的味道，不顾资源的紧张情况，蜂拥而上，结果造成供气紧张，特别是冬季，许多城市不得不停止供气给部分工业用户和汽车用户，保证采暖用户的供气。该法能结合国情有效指导天然气的发展。

④按等效减排量评价。由于城市使用天然气的主要目的是改善大气环境，因此，使用天然气后比用煤的减排量来评价天然气的使用效率也是一种有效的评价方法。

（4）调峰能力

城市燃气用量的变化主要有季节（月）用气量变化，日用气量变化和小时用气量变化。燃气负荷变化规律与用户的类型和各类用户的用气负荷在总负荷中所占的比例有关。各类用户的用气负荷变化规律影响因素很多，从理论上难以推算出来，只有经过大量的积累资料，用数学方法进行科学整理，才能取得需用工况的可靠数据。不同的用户其用气不均匀性是不同的，如果各种用户搭配合理，可以减少用气不均匀性，减轻冬季的季节性供气紧缺的程度，提高供气效率，降低供气成本。因此，分析各类用户的用气变化规律，对确定合理用户的用气结构十分重要。

2. 评价目的

通过对评价目的的分析，本研究确定采用如下的评价标准：根据使用天然气的经济性、城市范围内的减排量、能源利用率和用气不均匀性排队，为天然气的发展提供参考依据，避免盲目的发展天然气而引发的天然气供气紧张和利用率不高的问题。

本书为了对天然气供气成本、天然气的利用方式、供气的不均匀性、减排量等问题的全面分析，首先对天然气的分类、生产、净化、输送和用户供应进行介绍，再对燃烧方面的有关问题进行简单介绍。

最后，感谢国家“十一五”科技支撑计划课题“城市能源基础设施系统优化与模拟技术”（2006 BAJ03B01）的支持。

目　录

第1章　概　述

城市发展天然气对于现代化城市，是必不可少的。天然气是优质燃料，它在保护环境，减轻污染，方便生活，促进生产，繁荣经济等诸多方面发挥着重大作用。

1.1　天然气的分类与性质

1.1.1　按天然气形成条件分类

天然气是指通过生物化学作用及地质变质作用，在不同地质条件下生成、运移，在一定压力下储集的可燃气体。

(1) 按形成条件不同可分为：气田气、油田伴生气、凝析气田气、煤层气、矿井气。

气田气：主要是甲烷，含量约为80%～90%，乙烷至丁烷含量一般不大，戊烷及戊烷以上的重烃含量甚微。其低热值约为36MJ/Nm^3。

油田伴生气：指与石油共生的气体，它包括气顶气和溶解气两类。油田伴生气的特征是乙烷和乙烷以上的烃类含量较高，其低热值约48MJ/Nm^3。

凝析气田气：是一种深层的天然气，它除含有大量甲烷以外，戊烷及戊烷以上的烃类含量较高，并含有汽油和煤油组分。

煤层气：也称为煤田气，是成煤过程所产生并聚集在合适地质构造中的可燃气体。其主要组分为甲烷，同时含有少量的二氧化碳等气体，热值约40MJ/Nm^3。

矿井气：也称为矿井瓦斯，是成煤过程的伴生气与空气混合而成的可燃气体。一般是当煤层采掘后形成自由空间时，煤层伴生气移动到该空间与空气混合形成的矿井气。其组成为：甲烷30%~55%，氮气30%~55%，氧气5%~10%，二氧化碳4%~7%。低热值12~20MJ/Nm^3。

（2）按天然的组成可分为：干气、湿气、富气、贫气、酸性气体、洁气。

干气：1m^3（压力为0.1MPa，温度为20℃状态）井口流出物中，C_5以上重烃液体含量低于13.5cm^{3}的天然气。

湿气：1m^{3}井口流出物中，C_5以上重烃液体含量超过13.5cm^{3}的天然气，一般湿气需分离出液态烃产品和水后才能进一步加工利用。

富气：1m^{3}井口流出物中，C_3以上烃类液体含量超过94cm^{3}的天然气。

贫气：1m^{3}井口流出物中，C_3以上烃类液体含量低于94cm^{3}的天然气。

酸性气体：含有较多的H_2S和CO_2等气体，需要进行净化处理，才能达到管输标准的天然气。

洁气：H_2S和CO_2含量甚微，不需要净化处理的天然气。

我国几种常用天然气组分列于表1-1中。

各类燃气的一般组分与低热值 表1-1

序号	煤气类别	一般组分（体积%）									低热值[MJ/Nm^3（kcal/Nm^3）]
		CH_4	C_3H_8	C_4H_{10}	C_nH_m	CO	H_2	CO_2	O_2	N_2	
1	气田气	98	0.3	0.3	0.4	—	—	—	—	1.0	36.22（8650）
2	油田伴生气	81.7	6.2	4.86	4.94	—	—	0.3	0.2	1.8	45.47（10860）
3	凝析气田气	74.3	6.75	1.87	14.91	—	—	1.62	—	0.5	48.36（11550）
4	矿井气		—	—	—	—	—	4.6	7.0	5	18.84（4500）

1.1.2 天然气按城市燃气的分类标准分类

随着我国燃气工业的不断发展，供气规模、气源类型和用具类型等都在不断增加。不同类型燃气的成分、热值和燃烧特性并不相同。城市燃气供应过程中，燃气组分和特性是经常变化的。其允许的变化范围，取决于燃具和加热工艺要求的承受能力。因此，以燃气的燃烧特性指标进行分类，这是用气设备分类及标准化、系列化的基础，也是燃气生产和供应部门根据规定，调整多种燃气的掺混比例，以确保燃气供应基本质量的基础。

1.1.2.1 天然气的互换性

互换性是城市燃气的重要指标。具有多种气源的城市，常常会遇到以下两种情况：一种是，随着燃气供应规模的发展和制气方式的改变，某些地区原来使用的燃气可能由其他一种性质不同的燃气所代替；另一种是，基本气源发生紧急事故，或在高峰负荷时，需要在供气系统中掺入性质与原有燃气不同的其他燃气。当燃气成分变化不大时，燃烧器燃烧工况虽有改变，但尚能满足燃具的原有设计要求；当燃气成分变化较大时，燃烧工况的改变使得燃具不能正常工作。

任何燃具，都是按一定的燃气成分设计的。设某一燃具以 a 燃气为基准进行设计和调整，若以 b 燃气来置换 a 燃气，此时燃具不加以任何调整而能保证正常工作，则表示 b 燃气可以置换 a 燃气，或称 b 燃气对 a 燃气具有“互换性”。反之，如果燃具不能正常工作，则称 b 燃气对 a 燃气没有互换性。为了达到互换性的要求，制气方法不能随意选用，新的制气方法（置换气）需对原制气方法（基准气）具有互换性。

1.1.2.2 天然气的燃烧特性指标

决定燃气互换性的是燃气的燃烧特性指标：华白指数（或称发热指数）和燃烧势（或称燃烧速度指数）。当燃气性质（燃气成分）改变时，华白指数和燃烧势同时改变。

1. 华白指数

华白指数是在互换性问题产生初期所使用的一个互换性判定指数。在置换气和基准气的化学、物理性质相差不大、燃烧特性比较接近时，可以用华白指数指标控制燃气的互换性。各国一般规定，在两种燃气互换时，华白数的变化不大于±5%~10%。华白指数是一项控制燃具热负荷衡定状况的指标。

华白指数 W 按下式计算：

$$W=\frac{H_h}{\sqrt{S}} \tag{1-1}$$

式中 H_h——燃气高热值（MJ/m^3）；

S——燃气相对密度（空气=1）。

当使燃气低热值来计算华白指数 W 时，应注明，并在燃气互换时统一计算热值。

2. 燃烧势

随着气源种类的增多，出现了燃烧特性差别较大的两种燃气的互换性问题，除了华白指数以外，还必须引入燃烧势的概念。燃烧势反映燃烧火焰所产生离焰、黄焰、回火和不完全燃烧的倾向性，是一项反映燃具燃气燃烧稳定状况的综合指标。

燃烧势 CP 按下式计算：

$$CP=K\times\frac{1.0H_2+0.6\,(C_mH_n+CO)\,+0.3CH_4}{\sqrt{d}} \tag{1-2}$$

式中 H_2、C_mH_n、CO、CH_4——燃气中氢、碳氢化合物（除甲烷以外）、一氧化碳、甲烷组分含量（体积%）；

d——燃气相对密度（空气=1）；

K——燃气中氧含量修正系数，按下式计算：

$$K=1+0.0054O_2^2 \tag{1-3}$$

式中 O_2——燃气中氧组分含量（体积%）。

1.1.2.3 天然气的分类

我国燃气按燃烧特性分类是参照国际上的分类标准，结合我国各地城市燃气现状编制的。我国城市天然气的分类和基准燃气及界限燃气燃烧特性见表1-2和表1-3。

城市燃气的分类 **表1-2**

类别		华白指数 W [MJ/m³]		燃烧势 CP	
		标准	范围	标准	范围
天然气	4T	18.0	16.7~19.3	25	22~57
	6T	26.4	24.5~28.2	29	25~65
	10T	43.8	41.2~47.3	33	31~34
	12T	53.5	48.1~57.8	40	36~88
	13T	56.5	54.3~58.8	41	40~94

我国基准燃气及界限燃气燃烧特性 **表1-3**

类别		基准燃气	界限燃气		波动范围（%）			典型地区		采用国外标准	
		W(MJ/m³)	CP	W（MJ/m³）	CP	W	CP	基准气	界限气	国家和地区标准	采用程度
天然气	4T	18.0	25	16.7~19.3	22~57	−7~7	−12~128	抚须	阳泉	S2093−88 JIS	参照
	6T	26.4	29	24.5~28.2	25~65	−7~7	−14~124	锦州	—		
	10T	43.8	33	41.2~47.3	31~34	−6~8	−6~3	广东	—		
	12T	53.8	40	48.1~57.8	36~88	−10~8	−10~120	四川	中原、华北等	IGU、EN26	等效
	13T	56.5	41	54.3~58.8	40~94	−4~4	−3~129	天津	中原、胜利、大庆	JIS	参照

1.1.3 天然气的质量要求

《天然气》（SY 7514－88）的质量指标，本标准适用于气田、油田采出经矿物分离和处理后用管线输至用户，并按产品类别分别作为民用燃料、工业原料和工业燃料的天然气。

天然气质量指标应符合表1-4的规定。

天然气质量指标　　表 1-4

项目		质量标准				试验方法
		Ⅰ	Ⅱ	Ⅲ	Ⅳ③	
高位发热值（MJ/m^3）①	A组	>31.4				
	B组	14.65~31.4				
总硫（以硫计（mg/m^3））含量		<150	<270	<460	>480	
硫化氢含量（mg/m^3）		<6	<20	实测	实测	
二氧化碳含量（体积%）		<3		—		SY7506
水分		无游离水②				机械分离目测

①表中的 m^3 为在 101.325kPa，20℃ 状态下的体积；

②无游离水是指天然气经机械设备分不出游离水（在取样点处的温度和压力条件下，气体的相对湿度小于或等于 100%）；

③Ⅳ类气为总硫含量不小于 480mg/m^3 的井口气，该气体只能供给有处理手段的用户。

1.1.4　城市燃气组分变化的要求

（1）城市燃气的华白指数波动范围，不宜超过 ±7%。

（2）城市燃气燃烧性能的其他参数指标，应与用气设备燃烧性能的要求相互适应。

1.1.5　城市燃气的加臭

城市燃气应具有可以察觉的气味，无臭或臭味不足的燃气应加臭。

1. 燃气中含臭剂量的要求

（1）有毒燃气（一般指含有一氧化碳、氰化氢等有毒成分的气体）泄漏到空气中，达到对人体允许的有害浓度之前，应能察觉。

（2）无毒燃气（一般指不含有一氧化碳、氰化氢等有毒成分的气体，如天然气、液化石油气等）泄漏到空气中，达到爆炸下限的 20% 浓度时，应能察觉。

2. 臭味剂的选择原则

（1）使用浓度范围内对人体无毒。

（2）具有极难闻的臭味，且与一般气体气味有明显的区别，如汽油味、厨房散发的油味和化妆品散发的气味等。

(3) 能完全燃烧，燃烧后不生成有害的或有臭味的物质。

(4) 有适当的挥发性。

(5) 不易腐蚀燃气管道或燃具。

(6) 难溶于水，易于操作，价格低廉。

3. 臭味剂的类别

臭味剂一般为硫醇类和带环状的硫化物两种。常采用的臭味剂见表1-5。

常用臭味剂 表1-5

命名	简称	分子式
四氢噻吩	THT	C_4H_8S
三丁基硫醇	TBM	C_4H_9SH
正丙硫醇	NPM	C_4H_7SH
异丙硫醇	IPM	C_3H_7SH
乙硫醇	EM	C_2H_5SH
乙硫醚	DES	$C_4H_{10}S$
甲硫醚	MES	C_8H_8S
二甲基硫醚	DMS	C_2H_6S
72% (W/W) 乙硫醚	BE	
22% (W/W) 三丁基硫醚		
6% (W/W) 乙硫醇		

4. 臭味剂加入量

我国目前主要采用四氢噻吩（THT）和乙硫醇（EM）。燃气中乙硫醇臭味剂加入量见表1-6。

燃气中乙硫醇臭味剂加入量 表1-6

名称	臭味剂加入时 (mg/Nm^3 燃气)	当空气中臭味剂含量0.16mg/Nm^3时，燃气在空气中含量（体积%）
焦炉煤气	76	0.21
直立炉煤气	151	0.11
混合煤气	178	0.9

续表

名称	臭味剂加入时（mg/Nm^3 燃气）	当空气中臭味剂含量 $0.16mg/Nm^3$ 时，燃气在空气中含量（体积%）
发生炉煤气	269	0.06
水煤气	304	0.05
两段炉煤气	254	0.06
重油催化裂解油制气	98	0.16
重油热裂解油制气	24	0.67
天然气	16	1.0
液化石油气混空气	45	0.35

5. 一氧化碳浓度与人体的关系

一氧化碳使人体中毒的原因是破坏了人体中血液正常供氧的能力。由于一氧化碳与人体内血红蛋白的结合物称碳氧血红蛋白（COH_6）。一般人体中 COH_6 含量关系见表1-7。

空气中 CO 浓度与人停留时间、COH_6 含量的关系　　表1-7

空气中 CO 浓度（体积%）	人停留时间（h）	COH_6 含量（%）
0.0184~0.0272	5~6	20~30
0.0368~0.0552	4~5	36~44
0.064~0.092	3~4	47~53
0.1472~0.184	1~1.5	61~64
0.184~0.272	0.5~0.75	64~68
0.272~0.456	0.33~0.5	68~73
0.456~0.92	2~5min	73~76

1.2 天然气的开采

近年来，天然气已成为城市燃气的主要气源，随着我国石油工业的发展，用天然气来气化城市的前景是十分广阔的。天然气开发利用的优点是：基建投资少、工期短、收效快。天然气是理想的气源，它不含灰分，不含一氧化碳，热值高，是城市燃气的理想气源。综合利用天然气，经济效益高。

1.2.1 天然气的生成

天然气是指在不同地质条件下生成、运移，并以一定压力埋藏在深度不同的地层中的气体。天然气是由有机物质生成的，这些有机物质是海洋和湖泊中的动、植物遗体，在特定环境中经物理和生物化学作用而形成的分散的碳氢化合物。大多数气田的天然气是可燃性气体，燃烧时有很高的发热量，是一种重要的能源，也是重要的化工原料。

1.2.2 天然气的储集

天然气生成之后，储集在地下岩石的孔隙、裂缝中。能储存天然气并能使天然气在其内部流动的岩层，称为储集岩层，又叫储集层。储集层是天然气气藏形成不可缺少的重要条件。

能储集天然气的岩层主要有以下几种：

（1）碎屑岩类储集层，包括砂岩、砂层、砾石层等碎屑沉积岩。目前世界上已探明的石油、天然气储量有40%以上是储集在这类岩层中。此类岩层的储集空间，主要是碎屑颗粒间的孔隙。

（2）碳酸盐岩类储集层，包括石灰岩、白云岩及白云质灰岩等。目前世界上已探明的油、气储量有57%左右是储集在此类岩层中。此类岩层的储集空间，除在成岩过程中形成的原生孔洞和裂隙外，还有次生的裂缝和孔洞。

（3）其他岩类储集层，包括由岩浆岩、变质岩等构成的各类储集层。它们因风化、剥蚀作用或地质构造运动而形成次生孔洞或裂缝，成为储集天然气的空间。

1.2.3 天然气的气藏

天然气生成之后，是呈分散状态存在于储集层中，要形成气藏，除了有良好的储集层外，还要有合适的盖层条件、气体的迁移和聚集过程等。

盖层是指储集层以上的不渗透层，它能阻止天然气的逸散。常见的盖层有泥岩、页岩、岩盐及致密石灰岩和白云岩等。

天然气在地壳内的迁移，除了天然气本身具有流动性外，还有压力、水动力、重力、分子力、毛细管力、细菌作用，以及岩石再结晶等多种外力因素作用的结果。

天然气的聚集是天然气生成和迁移过程的继续。在自然界中，天然气由分散而聚集起来的条件是：多孔隙、多裂缝的储集层；不渗透盖层所形成拱形面；在地层中形成各种圈闭。

天然气在迁移过程中受到某一遮挡物而停止移动并聚集起来。储集层中这种遮挡物存在的地段称为圈闭。因此，圈闭是储集层中能富集天然气的容器。当一定数量的天然气在圈闭内聚集后，就形成气藏。如果同时聚集了石油和天然气，则称为油气藏。

有一个或几个气藏就组成一个气田。气田可以是单层或多层的。

1.2.4 天然气开采的基本过程

1.2.4.1 天然气的钻井、固井及完井

1. 钻井

钻井是采用高速回转式钻机或涡轮式钻机，通过钻头破碎岩石，以实现钻开地层的过程。钻头是破碎岩石的主要工具，衡量钻井速度的主要指标是钻头进尺和机械钻速。提高钻头进尺，便减少了取下钻头的次数，缩短了总钻井时间。提高机械钻井速度，直接缩短钻井时间。因此常用这两项指标评定钻井速度。

当钻头破碎岩石时，从钻头的水眼中喷出洗井液，辅助钻头破碎岩石。带着岩屑的洗井液从钻柱与井壁的间隙带至地面。

在钻井过程中，洗井液的使用十分重要。其作用是携带、悬浮岩屑，冷却、润滑钻头，润滑钻具，清洗井底，防止井喷，保护井壁。通常采用的洗井液是泥浆，所用泥浆的比重是1.2~1.4。对于高压气层，需用重晶

石粉（$BaSO_4$）或石灰石粉（$CaCO_3$）作为加重剂来提高泥浆比重。

2. 固井

在钻井过程中，常会遇到井漏、井喷和井塌等复杂情况，严重时会造成事故，影响继续钻井，甚至使气井报废。因此为了封堵钻井过程中钻穿的水层、气层、防止井壁垮塌，采用套管加固井身，这一过程称为固井。在3000m以内的气井采用三层套管固井，即表层套管、技术套管和生产套管。对特别深的井采用四层套管，即多一层技术套管。

表层套管的作用防止井的上部不稳定松软地层坍塌，防止上面水层中的水流到井中，并用它安装井口装置。表层套管刀下入的深度根据不同的情况而定，一般情况为200m左右。

技术套管用以隔绝地层水，防止地层水流入井中及封隔泥浆漏失，防止地层坍塌。

生产套管用于把生产层与其他层隔开，在井内建立一条气体通道。

3. 完井

气井的钻井和完井工艺是钻井过程中非常重要的阶段，对气井开采有着密切关系。根据气层井底地带地层岩石种类不同，选择不同的完井方法，目前大多采用套管射孔和裸眼完成方法。

射孔完成是在钻开地层后，依次下表层套管、技术套管和生产套管，与此同时注入水泥浆，返至所需高度完成固井。然后下入射孔器向地层部位射孔，穿透套管和水泥环进入地层，为气体流入井内打开通道称为完井。

射孔完成只是在地层部位进行，其余地方全部封闭。各个地层的气、油、水不会相互乱窜，有利于分层开采。

1.2.4.2 气田的开采

气田的开采一般划分为三个时期。

（1）采气初期 没有始端压气站，气体沿干线输气管输送到很远距离的时期。此时气体依靠自身压力送至用户。输气管的始端压力应保持4.0～5.0MPa压力。由于从地层到输气管始端的路程上，气体有一定的压力损失，所以应保持较高的地层压力。

（2）采气中期　当有始端压气站的情况下沿干线输气管输送气体的时期。

（3）采气末期　当气层压力降至很低，已不能达到始端压气站进口压力的要求，已经很低、因而不能向外界输气，只能用作气田附近工业或民用燃气。

1.2.4.3　天然气的集输、分离和净化

1. 天然气的集输

天然气的集输系统，是把气田上各个气井开采出来的天然气聚集起来，并经过加工处理送入输气干线，它主要由井场装置、集气站、矿场压气站、天然气处理厂和干线首站等部分组成。天然气的集输系统如图 1-1 所示。

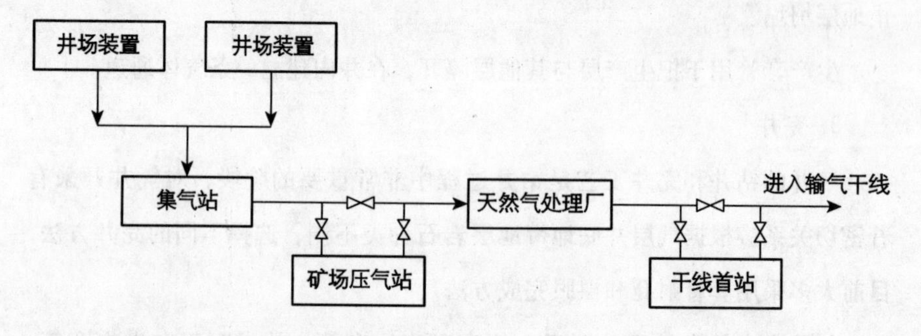

图 1-1　天然气的集输系统流程

井场装置：一般设于气井附近。从气井开采出来的天然气，经过节流，进入分离器除去油、游离水和机械杂质等，通过计量后送入集气网。

集气站：将集气网的天然气集中起来的地方就是集气站。在集气站上，对天然气再一次进行节流、分离、计量，然后送入集气管线。

矿场压气站：在气田开采后期（或低压气田），当气层压力不能满足生产和输送要求时，需设置井场压气站，将集气站输入的低压天然气增压至规定的压力，然后输送到天然气处理厂或输气干线。

天然气处理厂：当天然气中硫化氢、二氧化碳、凝析油等含量和含水

量超过管输标准，或不能满足城市燃气的要求时，则需设置天然气处理厂，对外供天然气进行净化处理。

干线首站：在输气干线起点设置压气站，则称为干线首站。它的任务是接收天然气处理厂来的净化天然气，经除尘、计量、增压后进入输气干线。

2. 天然气的分离

天然气分离基本是物理过程，可以采用吸附法、吸收法和低温冷凝法。天然气分离方法的选择与天然气的组成、使用要求及技术经济等各种因素有关。基本原则如下：

（1）当进气压力与输出干气压力之间有自由压差可供利用时，选用膨胀机法最好。

（2）当有自由压差可供利用，但天然气中液态烃含量很低，且不值得回收时，可采用膨胀自制冷法，以降低水及重烃露点，满足管道输送要求，也可以再加浅度冷冻进一步降低气体温度。

（3）当气源的压力很高，要求输出干气的压力也很高时，采用高压吸收法比较经济。

（4）对于井场上小型天然气加工装置可用吸附法、浅冷法或常温吸收法，以便加快建厂速度，节省投资。对于贫气采用吸附法更好，这样可以在分离轻烃的同时，将水分和重烃脱除掉，经济上更合理。

（5）对于要求回收乙烷，但又没有自由压差可供利用时，可根据具体情况，对冷冻吸收法、复叠制冷法和膨胀机法，经过技术经济对比后再确定。

1.2.5 矿井气和煤层气的开采与利用

矿井气和煤层气也属于天然气。在煤生成和变质过程中地下会伴生煤层气，当采煤时这些气体从煤体和岩体中涌出。煤田的煤层气与渗入煤层的井巷空气相混合就成为矿井气。煤层气中主要组成是甲烷，此外还有二氧化碳、一氧化碳等气体。当它们涌出至井巷时又被空气所稀释。在地下井巷中的矿井气如不予合理抽取，会造成井巷操作人员窒息致死，甚至引起爆炸。为了保证安全生产，必须及时将井下的矿井气抽除。当抽出的矿井气中甲烷含量达到35% ~40%时，可以作为城市燃气。

瓦斯矿井的等级　　表1-8

序号	瓦斯矿井等级	矿井气相对涌出量（m^3/t煤）
1	一	<5
2	二	5 ~10
3	三	10 ~15
4	超级	>15

1. 煤层气的生成

煤炭生成过程中，有机物质经过生物化学作用会形成甲烷气体即煤层气。通常煤层上面的岩层并不致密，大量甲烷气体，即煤层气都逸散至大气，仅有一小部分以游离状态和吸附状态存在于煤层或岩层的孔隙、裂隙和孔洞中。从煤体和岩体中涌出的煤层气，不仅决定于甲烷的生成量，也与煤层顶板及围岩的致密程度有关。如果围岩对煤层气的逸散能力很强，那么采煤过程中基本无煤层气；反之，如围岩致密，煤层气难以穿过，采煤时便大量涌出。

当煤体被采掘形成自由空间或出现孔隙时，煤层气会首先向这些压力较低的空间或孔隙移动而放出。这时煤体内部的气体压力因游离状态煤层气的散逸而降低，于是吸附状态的煤层气向游离状态转化，并释放出来。如果这个转化与逸出的过程均匀而缓慢地进行，称之为煤层气的“涌出”。在某些局部区域，特别是断层和皱褶地带附近，煤体中往往存积有丰富的煤层气，同时其中存在着相互沟通的裂隙，当采掘接近这些区域时，就可能出现大量煤层气集中放出的现象，这就是所谓煤层气的“突出”。为了确保安全生产，必须在采煤前充分抽出矿井气以消除和削弱煤层气“突出”的发生。

煤层气除了甲烷以外，还有二氧化碳、氢气及少量的氧气、乙烷、乙烯、一氧化碳、氮气和硫化氢等。随着煤层开采时间的延长和煤层自然状态的改变，矿井气中甲烷含量逐渐降低。

2. 矿井气的抽取

在含有煤层气的地层中，当原来呈均衡状态的地层压力发生变化时，煤层气就会从煤体或岩体中涌出。这些涌出的煤层气不仅来自被采煤层本身，而且也来自被采煤层的顶板和底板。如在开采煤层之上存在含有煤层气的邻近层时，来自顶板的煤层气往往成为主要来源。如在采掘影响范围内开凿巷道或钻孔，并使之与采掘时产生的裂隙沟通起来，则这些巷道和钻孔将成为抽取矿井气的良好通路。为了大量抽出矿井气，还必须使采掘空间空气中甲烷分压力低于煤体中的甲烷压力，并且压差越大，越容易抽取煤体中的矿井气。

按矿井气在抽取前存在的状况，可分为原生矿井气和次生矿井气两类。从原来存在的煤层或岩层中直接抽出的是原生矿井气。如果矿井气只存在于单一开采的煤层中，可以直接从开采煤层的煤体中抽出：如果矿井气主要存在于开采煤层顶部的邻近层中，可以利用专门开在顶板岩层中的巷道或开在含矿井气的不可采薄煤层中的巷道，将其收集并抽出。也可利用开采煤层的某些巷道，向顶板打一些穿至邻近层的钻孔，以抽取邻近层的矿井气，抽取原生矿井气需要较高的负压，所得到的矿井气中甲烷含量较高。

矿井气主要积聚在采空区或已废弃的巷道中。抽取次生矿井气不需要高的负压。如负压过高，会把过多的空气抽入，降低甲烷浓度，影响矿井气质量。一般次生矿井气甲烷含量较低。

矿井气抽放系统包括钻场、集气支管、集气干管、燃气泵和储气罐。为了防止回流，燃气泵前后均设有安全设备。抽出的矿井气以甲烷含量多少作为质量指标。

1.2.6 天然气长距离输送系统

1. 长距离输送系统的构成

天然气通常经输气管线送至远离气田的城镇和工业区。

长距离输送系统通常由集输管网、气体净化设备、起点站、输气干线、输气支线、中间调压计量站、压气站、燃气分配站、管理维修站、通信和遥控设备、阴极保护站或其他电保护装置等组成。

2. 天然气处理厂

天然气处理厂的作用是净化处理天然气中超标的硫化氢、二氧化碳、凝析油的含量和含水量。

3. 起点站

来自集气管线或天然气处理厂天然气进入起点站，在这里进行除尘、调压、计量后进入长距离输气管线。

4. 压气站

（1）起点压气站　来自集气管线或天然气处理厂天然气若压力较低则需要增设起点压缩机进行加压，原动机可以是电动机或天然气透平机。

（2）中间压气站　为了远距离输气，通常每隔100～150km设一座中间压气站，将燃气压力由2.5MPa～5MPa增加到5MPa～8MPa。

5. 天然气门站和储配站

燃气分配站（门站）是长距离输气干线或支线的终点站，亦称门站或终点调压计量站，是城镇、工业区分配管网的气源站，其任务是接收长输管线输送来的燃气，经过除尘，将燃气压力调至城市高压环网或用户所需要的压力，计量和加臭后送入城镇或工业区的管网。

（1）门站流程：天然气长输管线→清管球接收装置→分离装置→过滤装置→调压装置→计量装置→加臭装置→进城市中压管网。

（2）天然气储配站的作用是储存燃气，调节燃气应用的不均匀性。天然气储气罐一般采用高压储气罐，储气罐站可单独设置，亦可与燃气分配站合并设置。

1.3 城镇天然气管网系统

1.3.1 城镇天然气管网的分类

天然气管道根据用途、敷设方式和输气压力分类。

1. 根据用途分类

（1）长距离输气管线 其干管及支管的末端连接城市或大型工业企业，作为该供应区的气源点。

（2）城市燃气管道。

分配管道：在供气地区将燃气分配给工业企业用户、公共建筑用户和居民用户。分配管道包括街区的和庭院的分配管道。

用户引入管：将燃气从分配管道引到用户室内管道引入口处的总阀门。

室内燃气管道通过用户管道引入口的总阀门将燃气引向室内，并分配到每个燃气用具。

（3）工业企业燃气管道。

工厂引入管和厂区燃气管道：将燃气从城市燃气管道引入工厂，分送到各用气车间。

车间燃气管道：从车间的管道引入口将燃气送到车间内各个用气设备（如窑炉）。车间燃气管道包括干管和支管。

炉前燃气管道：从支管将燃气分送给炉上各个燃烧设备。

2. 根据敷设方式分类

（1）地下燃气管道 一般在城市中常采用地下敷设。

（2）架空燃气管道 在管道通过障碍时，或在工厂区为了管理维修方便，采用架空敷设。

3. 根据输气压力分类

天然气管道之所以要根据输气压力来分级，是因为天然气管道的气密性与其他管道相比有特别严格的要求，漏气可能导致火灾、爆炸、中毒或其他事故。天然气管道中的压力越高，管道接头脱开或管道本身出现裂缝的可能性和危险性也越大。当管道内燃气的压力不同时，对管道材质、安装质量、检验标准和运行管理的要求也不同。

我国城市燃气管道根据输气压力一般分为：

低压燃气管道：$P<0.01\text{MPa}$；

中压 B 燃气管道：$0.01\text{MPa}\leqslant P\leqslant 0.20\text{MPa}$；

中压 A 燃气管道：$0.2\text{MPa}<P\leqslant 0.4\text{MPa}$；

次高压 B 燃气管道：$0.4\text{MPa}<P\leqslant 0.8\text{MPa}$；

次高压 A 燃气管道：$0.8\text{MPa}<P\leqslant 1.6\text{MPa}$；

高压 B 燃气管道：$1.6\text{MPa}<P\leqslant 2.5\text{MPa}$；

高压 A 燃气管道：$2.5\text{MPa}<P\leqslant 4\text{MPa}$。

居民用户和小型公共建筑用户一般直接由低压管道供气，输送天然气时，压力不大于3.5kPa。

中压 B 和中压 A 管道必须通过区域调压站或用户专用调压站才能给城市分配管网中的低压和中压管道供气，或给工厂企业、大型公共建筑用户以及锅炉房供气。

一般由城市高压 B 天然气管道构成大城市输配管网系统的外环网。高压 B 天然气管道也是给大城市供气的主动脉。高压天然气必须通过调压站才能送入中压管道、高压储气罐以及工艺需要高压燃气的大型工厂企业。

高压 A 输气管道通常是贯穿省、地区或连接城市的长输管线，有时也构成大型城市输配管网系统的外环网。

城市燃气管网系统中各级压力的干管，特别是中压以上压力较高的管道，应连成环网，初建时也可以是半环形或枝状管道，但应逐步构成环网。

城市、工厂区和居民点可由长距离输气管线供气，个别距离城市燃气管道较远的大型用户，经论证确实经济合理和安全可靠时，可自设调压站与长输管线连接。除了一些允许设专用调压器的、与长输管线相连接的管道检查站用气外，单个的居民用户不得与长输管线连接。

在确有充分必要的理由和安全措施可靠的情况下，并经有关上级批准之后，城市里采用高压的燃气管道也是可以的。同时，随着科学技术的发展，有可能改进管道和燃气专用设备的质量，提高施工管理的质量和运行管理的水平，在新建城市燃气管网系统和改建旧有的系统时，燃气管道可采用较高的压力，这样能降低管网的总造价或提高管道的输气能力。

1.3.2 城市天然气管网及其选择

1. 城市天然气输配系统的构成

现代化的城市天然气输配系统是复杂的综合设施，通常由下列部分构成：

（1）低压、中压以及高压等不同压力等级的天然气管网。

（2）城市天然气分配站或压气站、各种类型的调压站或调压装置。

（3）储配站。

（4）监控与调度中心。

（5）维护管理中心。

输配系统应保证不间断地、可靠地给用户供气，在运行管理方面应是安全的，在维修检测方面应是简便的。还应考虑在检修或发生故障时，可关断某些部分管段而不致影响全系统的工作。

在一个输配系统中，宜采用标准化和系列化的站室、构筑物和设备。采用的系统方案应具有最大的经济效益，并能分阶段地建造和投入运行。

2. 城市天然气管网系统

城市输配系统的主要部分是天然气管网，根据所采用的管网压力级制不同可分为：

（1）一级系统：仅用低压管网来分配和供给天然气，一般只适用于小城镇的供气。如供气范围较大时，则输送单位体积天然气的管材用量将急剧增加。

（2）两级系统：由低压和中压B或低压和中压A两级管道组成。

（3）三级系统：包括低压、中压和高压的三级管网。

（4）多级系统：由低压、中压B、中压A和高压B，甚至高压A的管网组成。

3. 采用不同压力级制的必要性

城市天然气输配系统中管网采用不同的压力级制，其原因如下：

（1）管网采用不同的压力级制是比较经济的。因为大部分天然气由较高压力的管道输送，管道的管径可以选得小一些，管道单位长度的压力损失可以选得大一些，以节省管材。如由城市的某一地区输送大量天然气到另一地区，则采用较高的输气压力比较经济合理，有时对城市里的大型工业企业用户，可敷设压力较高的专用输气管线。当然，管网内天然气的压力增高后，输送天然气所消耗的能量可能也随之增加。

（2）各类用户需要的天然气压力不同。如居民用户和小型公共建筑用户需要低压天然气，而大型工业企业则需要中压或高压天然气。

（3）消防安全要求。在城市未改建的老区，建筑物比较密集，街道和人行道都比较狭窄，不宜敷设高压或中压A管道。此外，由于人口密度较大，从安全运行和方便管理的观点看，也不宜敷设高压或中压A管道，而只能敷设中压B和低压管道。同时大城市的天然气输配系统的建造、扩建和改建过程要经过许多年，所以城市老区原来设计的天然气管道压力，大都比近期建造的管道压力低。

4. 天然气管网系统的选择

无论是旧有的城市，还是新建的城市，在选择天然气输配管网系统时，应考虑许多因素，其中最主要的因素有：

（1）气源情况：天然气的种类和性质、供气量和供气压力、气源的发展或更换气源的规划。

（2）城市规模、远景规划情况、街区和道路的现状和规划、建筑特点、人口密度、居民用户的分布情况。

(3) 原有的城市天然气供应设施情况。

(4) 对不同类型用户的供气方针、气化率及不同类型的用户对天然气压力的要求。

(5) 用气的工业企业的数量和特点。

(6) 储气设备的类型。

(7) 城市地理地形条件，敷设天然气管道时遇到天然和人工障碍物（如河流、湖泊、铁路等）的情况。

(8) 城市地下管线和地下建筑物、构筑物的现状和改建、扩建规划。

设计城市天然气管网系统时，应全面考虑上述诸因素进行综合；从而提出数个方案进行技术经济比较，选用经济合理的最佳方案。方案的比较必须在技术指标和工作可靠性相同的基础上进行。

5. 城市天然气管网系统举例

下面简单介绍城市天然气管网的多级系统的一个例子，并进行一些简要的分析。

气源是天然气，该城市的供气系统采用地下储气库、高压储气罐站以及长输管线储气，如图 1-2 所示。

在居民人口众多的特大型城市采用多级管网系统。天然气通过几条长输管线进入城市管网，两者的分界点是城市天然气分配站，天然气的压力在该站降到 2.0MPa，进入城市外环的高压管网。图 1-2 所示的城市管网系统的压力主要为四级，即低压（图中低压管网和给低压管网供气的区域调压站未画出）、中压 B、中压 A 和高压 A。各级管网分别组成环状。天然气由较高压力等级的管网进入较低压力等级的管网时，均通过调压站。

由于该城市中心区的人口密度很大，从安全考虑敷设了压力不大于 0.2MPa 的中压 B 管网。工业企业用户和大型公共建筑用户与中压 B 或中压 A 管网相连，居民用户和小型公共建筑用户则与低压管网相连。

从运行管理方面来看，该系统既安全又灵活，因为气源来自多个方向，

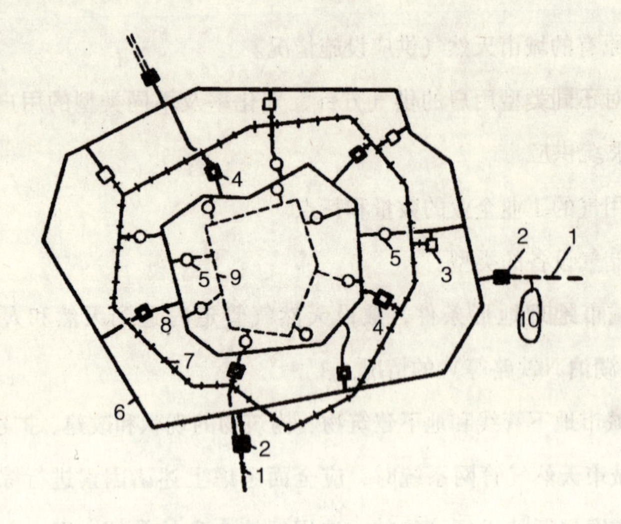

图1-2 多级管网系统

1—长输管线；2—城市天然气分配站；3—调压计量站；4—储气站；5—调压站；6—2.0MPa的高压环网；7—高压B环网；8—中压A环网；9—中压B环网；10—地下储气库

主要管道均连成环网。平衡用户用气量的不均匀性可以由缓冲用户、地下储气库、高压储气罐站以及长输管线储气井解决。

上述管网系统中，采用区域调压站向低压环网供气的方式。此外，也可不设区域调压站，而在各街区设调压柜或设楼栋调压箱，向居民和公共建筑用户供应低压天然气。有些国家允许采用中压天然气管道进户的供气方式，将调压器设在楼内或用气房间内，天然气降压后供燃具使用。

1.4 压缩天然气（CNG）供应

压缩天然气（CNG）输配技术，是利用压缩天然气汽车加气、储运技术，同城市天然气调压、储配技术相结合的产物。它充分利用了压缩天然气汽车成熟的加压工艺，经减压输送到城市天然气管网管道输送是天然气输送的基本方式。实践证明，对于大规模输送天然气采用管道输送是最经济和有效的输送方式。由于输气干线的建设受城市气化条件、经济实力、用户气价承受能力等综合因素的限制，使得这种输送方式尚未形成大范围联网，供应范围受到限制，并且只能向长输管道沿线城镇供气。

CNG 系统供应城镇方式源自天然气汽车加气的子母站系统。在高中压取气点建立加气母站，将天然气加压至 15 ~ 25MPa，然后装入高压钢瓶拖车，通过公路运输送至加气子站供汽车加气。由于子母站系统技术成熟、灵活方便，而且投资相对建独立加气站为少，因而提出借鉴于母站系统的运行方式采用 CNG 供应城镇天然气。

CNG 城镇天然气供应系统主要由取气点加压站、CNG 钢瓶拖车、城镇卸气站、城镇输配管网组成。

天然气经计量、调压后进入净化装置，脱除超标的水、硫化氢、二氧化碳，净化后的天然气经压缩机加压，加压后的天然气压力范围为 25MPa，再通过加压站的高压胶管和快装接头向 CNG 钢瓶拖车充气，当拖车上的钢瓶压力达到设定值后，压缩机自动停机停止充装。CNG 钢瓶拖车通过公路运输到达城镇卸气站，通过卸气站的高压胶管和快装接头卸气，CNG 首先进入一级换热器加热（防止天然气通过调压器减压时温降过大，影响后续设备及管网的正常运行），再进入一级调压器减压，之后依次经过二级换热器、二级调压器、三级调压器，将压力调至城镇管网运行压力，经计量、加臭后进入城镇输配管网。

城镇供气站供气装置的换热和调压级数应综合钢瓶拖车最高工作压力、调压装置供气能力、城镇管网设计压力等因素确定。由于每辆钢瓶拖车的载气能力为 3000 ~ 6000m^3，具有一定的调峰能力，利用 CNG 钢瓶拖车调峰不失为一种经济、灵活的调峰手段，而且随着科技的进步以及 CNG 钢瓶逐步国产化，材质也在向非金属材料过渡，必将在提高载气能力的同时，进一步降低 CNG 输气的工程造价。瓶装压缩天然气输配工艺，将压缩天然气技术灵活应用到城市天然气输配系统，解决了高压天然气系统与城市天然气管网系统的衔接、调压问题。

统筹规划城镇压缩天然气供应系统的主要目的在于：

（1）在天然气长输管线尚未到达敷设的区域，以压缩天然气作气源较易实现城镇气化，并可节省大量建设投资；

（2）减少城镇交通的汽车尾气排放总量，以改善城区大气环境质量；

（3）在天然气供应价格有竞争力的情况下，以天然气替代车用汽油、柴油。

1.5 液化天然气（LNG）供应

LNG是液化天然气的简称，常压下将天然气冷冻到 -162℃左右，可使其变为液体即液化天然气（LNG）。它是天然气经过净化（脱水、脱烃、脱酸性气体）后，采用节流、膨胀和外加冷源制冷的工艺使甲烷变成液体而形成的。LNG的体积约为其气态体积的1/620。

LNG对调剂世界天然气供应起着巨大的作用，可以解决一个国家能源的短缺，使没有气源的国家和气源衰竭的国家供气得到保证，对有气源的国家则可以起到调峰及补充的作用，不仅使天然气来源多元化，而且有很大的经济价值。LNG的储备与调峰是对专指防备周期性的天然气短缺而言的。有地下气库的长输管线有时也需要这种调峰厂。

1.5.1 LNG调峰厂概述

这类调峰厂需自建液化厂。天然气要液化前需进行原料气的预处理，即脱酸性气体、脱水、脱除其他杂质如汞、环烷烃和芳香烃等，使其预处理指标达到表1-9标准。

LNG预处理指标　　表1-9

杂质组分	预处理指标
二氧化碳 CO_2	≤50ppmv[①]
硫化氢 H_2S	≤4ppmv

续表

杂质组分	预处理指标
水 H_2O	≤1ppmv
硫化物总量	10 ~50mg/Nm^3
芳香烃总量	≤10ppmv
环烷烃总量	≤10ppmv
汞	≤0. 01μg/Nm^3

注：①ppm——百万分之一；ppmv——按体积计算百万分之一。

（1）脱酸气方法的选择：常用的净化方法为化学吸收法，其中包括醇胺法（MEDA）、热钾碱法、砜胺法。

（2）脱水方法的选择有冷却脱水、吸收脱水和吸附脱水。

（3）其他杂质的脱除：液化的原料气中脱除含有水和酸气以外，还应脱除所含有的少量汞、环烷烃和芳香烃等一些杂质。

脱除汞的原理是利用汞和硫在催化反应器中进行反应，从而达到在高流速下，使汞脱除含量在0.001μg/m^3 以下，汞的脱除不受可凝混合物 C5 + 烃及水的影响，本项目采用浸硫活性炭进行脱汞，以满足煤层气净化要求。

环烷烃和芳香烃均指 C5 + 以上重烃，在烃类中分子量由小到大，其沸点是由低到高变化的，因为在冷凝煤层气的循环中，重烃首先被冷凝下来，因此采用 iC5 洗涤，使其冷凝后被分离出来。

1.5.2 天然气液化方式

目前世界上的天然气液化装置，其制冷循环主要为：阶式制冷循环、混合冷剂制冷循环和膨胀机制冷循环。

1. 阶式制冷循环

这是一种经典的制冷循环，又称“逐级式”、“复叠式”或“串级式”，这种循环是由三个不同低温下操作的制冷循环复叠组成。

2. 混合冷剂制冷循环

混合冷剂制冷循环是1960 年后发展起来的，克服了阶式制冷循环的某些缺点。它采用 N_2 及多种烃的混合制冷剂、一台制冷剂压缩机。制冷剂是根据要液化的天然气组分来配制。

多组分混合制冷剂，进行逐级冷凝、蒸发、节流膨胀得到不同温度的制冷量，以达到逐步冷却和液化天然气的目的。

与阶式制冷循环相比，其优点是：机组少、流程简单、投资省，投资比阶式制冷循环少15% ~20%；管理方便；制冷剂可从天然气中提取和补充。缺点是：能耗较高，比阶式制冷循环多5% ~20%；混合制冷剂的合理配比较为困难。

3. 膨胀机制冷循环

膨胀机制冷循环，是指利用高压制冷剂通过透平膨胀机绝热膨胀的克劳德循环制冷实现天然气液化的流程。气体在膨胀机中膨胀降温的同时，对外做功，可用于驱动流程中的压缩机。

流程中的关键设备是透平膨胀机。根据制冷剂的不同，可分为氮气膨胀液化流程、氮—甲烷膨胀液化流程、天然气膨胀液化流程。这类流程的优点是：流程简单、调节灵活、工作可靠、易启动、易操作、维护方便；如用天然气本身做制冷工质时，能省去专门生产、运输、储存制冷剂的费用。缺点是：送入装置的气流必须全部深度干燥；回流压力低，换热面积大，液化率低，势必出现部分再循环，其结果引起功耗大。

由于带膨胀机的液化流程操作比较简单，投资适中，特别适合液化能力较小的调峰型天然气液化装置。

（1）氮气膨胀液化流程

与混合制冷剂液化流程相比，氮气膨胀液化流程简单、紧凑，造价较低，该技术在深冷领域中广泛应用，故技术成熟、经验丰富。就装置而言，采用氮气膨胀液化流程具有启动快，运行灵活，适应性强，易于操作和控制，安全可靠性好，放空不会引起火灾或爆炸危险。制冷剂采用单组分气体 N_2，介质容易获得，且价格低廉。在制冷膨胀过程中，膨胀机出口不会带液，提高了装置的安全可靠性。但其能耗要比混合制冷剂液化流程高。

(2) 氮－甲烷膨胀液化流程

N_2-CH_4 膨胀液化流程是采用 N_2-CH_4 混合气体代替纯氮的工艺。与混合制冷剂液化流程相比，N_2-CH_4 膨胀液化流程具有启动时间短、流程简单、控制容易、制冷剂测定和计算方便等优点。

由于缩小了换热器冷端换热温差，它比纯氮膨胀液化流程能耗略低，但由于在膨胀制冷过程中，膨胀机出口容易带液（CH_4 较 N_2 易于液化），这对膨胀机的运行带来一些负面影响，从而降低膨胀机的安全可靠性。

(3) 天然气膨胀液化流程

天然气膨胀液化流程，一般是指利用天然气输气管网之间的压力差——即将天然气中的一部分利用本身输送中的压能从高压膨胀到低压产生的冷量来冷却天然气，从而达到部分液化的目的。此流程不消耗外能。

此流程设备简单、调节灵活、工作可靠、易启动、易操作、维护方便；它适用于自由压力能可以被利用的场合，但这种流程只能对天然气进行小比例的部分液化。

1.5.3 LNG流程

天然气在液化处理厂被液化后装入LNG汽车槽车，通过公路运输送至城镇LNG储存和气化供应站。

LNG城镇天然气供应系统主要由液化处理厂、LNG汽车槽车、城镇储存卸气站、气化器、调压装置、计量加臭装置、城镇输配管网组成，见图1-3。

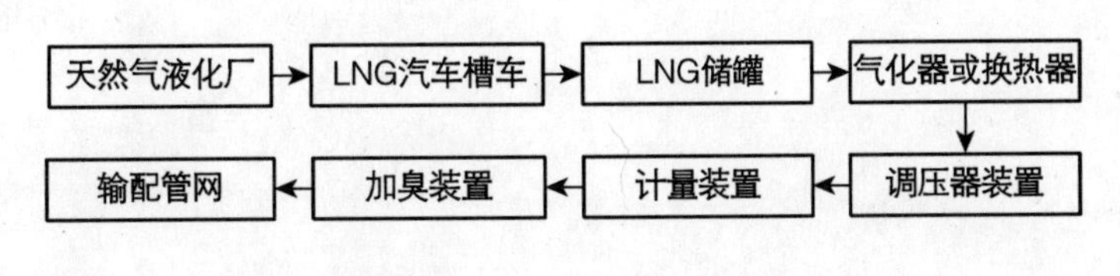

图1-3 LNG工艺流程图

天然气经计量、调压后进入净化装置，脱除超标的水、硫化氢、二氧化碳，净化后的天然气经液化后，天然气温度约为 -160℃，再通过胶管和快装接头向 LNG 汽车槽车充液，当槽车上的充装量到设定值后，自动停机停止充装。LNG 通过公路运输到达城镇储存卸气站，通过卸气站的胶管和快装接头卸气，LNG 首先进入低温储罐，经过空温式气化器或换热器加热，再进入减压至城镇管网运行压力，经计量、加臭后进入城镇输配管网。

第2章　国外天然气资源与消费情况

2.1　世界天然气资源概况

世界范围内，常规天然气剩余和可望发现储量总和为$262\times10^{12}m^3$，按目前世界天然气的消费量估算，可供人类使用愈百年。若以天然气取代石油成为第四代能源，使其在世界总能耗中的比例由现在的26.6%上升到40%，即消费率达到$3.8\times10^{12}m^3$/年，则仍可满足人类使用70年左右。非常规天然气（深层气、非生物成因气、天然气水合物和煤层气）的资源量比常规天然气高达一个量级以上，随着非常规天然气理论研究和开发技术的突破，有可能为人类提供更丰富的天然气资源。在能源结构组成中的比例增加到23.5%。目前天然气具有很高的储采比（70:1），将要经历持续快速的发展时期。国际权威机构预测2010~2020年间天然气在能源结构中的比例将达到35%~40%，而石油所占比例将由40%下降到30%左右，当前全球天然气正处于发展的高峰期。由于天然气是目前最清洁的高效矿物燃料，对世界各国的环境保护和经济发展具有十分重要的意义，同时天然气又是石油化工和化肥工业的最基本原料，因此可以肯定，天然气在21世纪将成为石油的主要替代品，天然气工业在全球将保持强劲的发展势头。

世界天然气资源分布极不均，主要集中在俄罗斯和中东地区。1995年底世界天然气探明储量为 143.0 × 10^{12} m^3，其中俄罗斯和中东地区的探明储量分别约占世界总量的 34.4% 和 32.4%。1996 年世界天然气的总产量约 2.320 × 10^{12} m^3，其中俄罗斯和美国的天然气产量分别占世界总产量的 52.6% 和 27%。

2.2 国外天然气的发展

人类利用能源的历史已经走过了薪柴、煤炭、石油三个时代，石油时代已近鼎盛的巅峰，天然气将以其清洁高效的自然特点在未来 10 ~ 20 年内替代石油成为能源消费结构中的首位能源，愈来愈受到世界各国人们的青睐。天然气是走向无碳化能源时代的必经阶段。世界历年一次能源消费结构变化数据表明，天然气在能源消费结构中的比例稳步上升，由于环境问题的驱动，上升的速度预计还会加快。据美国能源部能源情报署（EIA/DOE）的《国际能源展望 2004》（IEO2004）预测，天然气将是使世界一次能源消费增长最快的重要因素。与石油和煤炭预测消费量 1.9% 和 1.6% 的年均增长率相比，天然气 2025 年前的预测消费量年均增长率为 2.2%。2025 年天然气的消费量将为 4.28 × 10^{12} m^3，在一次能源总消费量中所占的比例达到 25%。

在过去的世界能源利用史上，天然气较石油发展缓慢。在世界能源消费结构中，天然气所占比例 1900 年占 1.5%，1920 年为 1.9%，1940 年为 4.6%。2002 年天然气在世界一次能源消费中的比例已接近 24%。如图 2-1 所示。

根据《国际能源展望 2004》（IEO2004）的基准情景预测，天然气是世界一次能源消费结构中增长最快的部分。从 2001 ~ 2025 年，世界范围内天然气的消费量预计每年递增 2.2%，石油消费量每年递增 1.9%，煤炭每年递增 1.6%。2001 年天然气的消费量为 2.56 × 10^{12} m^3，2025 年将达到 4.28 × 10^{12} m^3，比 2001 年增长近 70%（图 2-2）。在一次能源消费比例中，天然气将从 2001 年的 23% 提高到 2025 年的 25%。

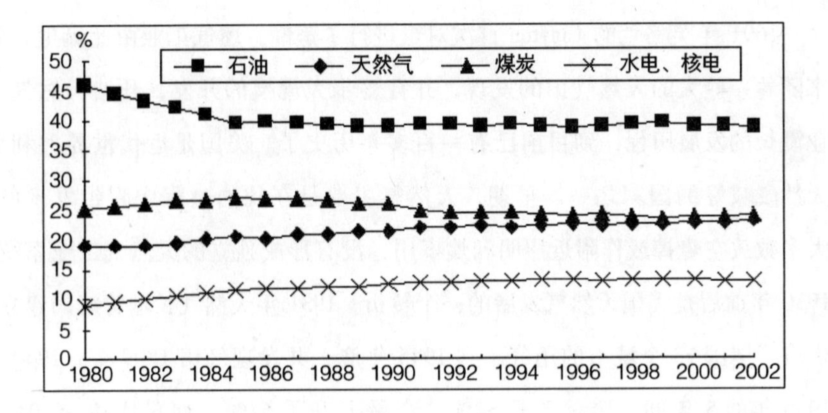

图2-1 世界历年能源消费比例构成

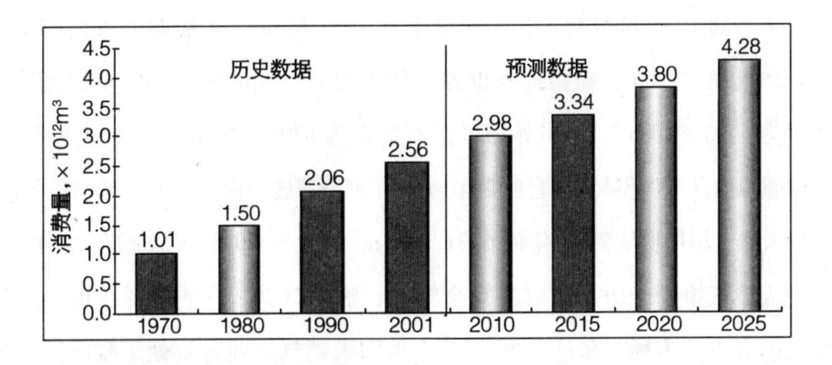

图2-2 世界天然气消费量变化趋势

世界天然气的利用市场十分广阔，各个国家的天然气主要产业不尽相同，但天然气利用主要集中在发电、工业燃料、化工原料、城市居民和商业用气等几个方面。

2005年世界天然气的平均消费构成中，工业用占28.5%，发电用占26%，商业和民用占26%，天然气工业自用占14.5%，化工原料占5%。

就国家而言，各国因资源以及经济、技术等条件的不同，天然气主要产业的消费构成的差异很大。如北美洲的商业、民用及第三产业用天然气，占天然气总消费量的38.5%；西欧诸国也以商业和民用为最多，占天然气总消费量的45%；独联体则是发电用气量居首位，占天然气总消费量的36%。

1691 年英格兰的 Clayton 首次对煤进行了蒸馏，燃气工业由此诞生。后来随着一些大的天然气田的发现，并且逐步大规模的开发，开始天然气工业漫长的发展历程，到目前已有一百多年历史了。美国是近代世界上利用天然气较好的国家之一。早期，天然气主要是在找油过程中附带发现的，大多数放空烧掉或作附近照明和炊事用，没有形成独立的天然气工业系统。1930 年前后是美国天然气发展的一个转折，1931 年天然气长输管线的建立，供应了美国 13 个城市的用气。到 1945 年底，共发现气田 1809 个，1940～1945 年的 5 年间，储量上升 57%，产量上升了 67%，储采比达 36.0∶1。1945 年的天然气消费量达 $1059 \times 10^8 m^3$，在一次能源消费中所占比例为 14.1%。到了 21 世纪初，其消费量多达 6400 亿 m^3，在能源消费结构中所占比例已超过 25%。美国拥有世界上最大的天然气市场，2005 年的天然气产量为 $5495 \times 10^8 m^3$，居世界第二；消费量为 $6298 \times 10^8 m^3$，位居世界第一。美国能源信息署（EIA）出台的 2005 年《年度能源展望报告》的参考模型预计，美国天然气用量将从 2003 年的 $6231 \times 10^8 m^3$ 增长至 2025 年的 $8779 \times 10^8 m^3$。美国天然气市场经历了政府的完全管制、解除管制，发展成现在世界上最成熟的竞争性市场。在过去 60 年里，美国天然气工业一直处于政府的监控之下。1992 年联邦能源管理委员会（FERC）实行第 636 号规定后，天然气工业开始解除管制。在解除管制 15 年后，美国天然气批发市场完全开放且极具竞争性。

下面对美国的天然气市场发展进行简要介绍：

（1）下游市场的发展经历了三个发展阶段

美国天然气市场发育较为完善，经历了市场发育、市场发展和稳定市场三个发展阶段。1933 年以前是市场发育阶段，年产气在 300 亿 m^3 左右。1933～1973 年为市场发展阶段，其主要特征是产量的快速上升，市场的迅速扩大。1973 年以后，美国天然气市场进入了相对稳定发展阶段。

（2）丰富的资源促进了市场的快速发展，市场的发展推进了工作量的增加美国是天然气资源较为丰富的国家，天然气可采资源量为40万亿m^3，已经采出约20万亿m^3。美国在勘探初期发现了胡果顿等一批巨型气田，为美国天然气工业的发展奠定了坚实的基础。1930年前后是美国天然气工业发展的一个转折点，储量从1929年的6514亿m^3上升到1930年13027亿m^3上升了1倍。产量从1925年的342亿m^3上升到1930年542亿m^3，上升了63%。一批大型气田的发现使管道建设成为可能，管道建设和市场的开发反过来又促进了勘探工作量的增长。

（3）储采比是决定勘探工作量的先决条件

与市场发展的三个阶段相对应，美国储采比的发展分为储采比上升阶段，储采比下降阶段和稳定储采比阶段。1948年以前，为储采比上升阶段，这一时期，由于储量增长较快，市场处于发育阶段，导致储采比上升。同时也为市场开发提供了基础。这一阶段的工作量维持在一定的规模。1948～1973年是储采比的下降阶段，产量上升较快，这一时期的工作量略有增加。1973年以后，储采比下降到10左右，并维持在这一水平，勘探工作量上升，2000年美国天然气产量较1999年增长3.7%，达5556亿m^3，占世界总产量的22.9%。

近几年来，随着世界经济的复苏和勘探开发技术的不断进步，世界天然气工业逐步壮大。长输管道不断完善，区域内输气管网也逐渐加密，全球范围内的天然气贸易发展迅速。液化天然气（LNG）作为天然气的一种运输形式也在全球内得到快速发展，其出口国和进口国也在逐年增加。

2.3　国外天然气消费

目前的天然气消费中主要包括民用消费，化工利用消费和其他工业消费。

2.3.1　民用消费

天然气的民用消费有着潜在的巨大市场。随着大众对环境污染问题的日益关注，改善大气环境、改善能源结构已成为各国政府部门共同关注的问题。大气污染物主要是由于使用燃煤造成的。据统计，全国烟尘排放量的70%，SO_2 排放量的90%，NO_X 的60%都来自于燃煤。因此，在工业发达城市和人口相对集中的城市，均出现了严重的大气污染，形成的酸雨每年造成的经济损失巨大。在城市中用天然气代替燃煤，成为改善城市大气环境的最佳选择。

2.3.2 化工利用

天然气用作化工原料，主要是生产石油化工和合成燃料的基本原料，如甲醇和化肥等。在国外，甲醇主要用于甲醛等化工产品的生产，应用范围正不断地扩大，它不仅是一种用途广泛的化工原料，还用于生产甲醛、醋酸、合成橡胶、染料、化纤、合成树脂、医药、汽油和MTBE等一系列产品，而且可以用作汽油掺合组分或代替汽油作为动力燃料以及用来生产甲醇蛋白。近年来，由于环保法规对新配方汽油组成的规定，迫使企业大量生产MTBE，使得甲醇的消耗量大幅度上升。国内也将出台相应法规，并在2000年停止生产、销售和使用含铅汽油，因此甲醇及其下游产品的需求增长将扩大天然气的化工利用量。

世界天然气资源十分丰富，其化工利用已成为炼油界十分关注的问题。目前天然气的化工利用主要有两条技术路线：一是直接由天然气转化为化学品；二是将天然气转化为合成气，之后再进一步合成化学品。

由甲烷直接转化成碳二以上烃类或乙烯的技术，目前尚处于探索或中试阶段，距商业应用尚有一段路程。

由甲烷经由合成气制取化学品的技术已实现工业应用，并在不断改进。例如，由合成气经 Fischer-Trospsch 合成法生产烯烃早已实现工业应用。同时，由合成气制取柴油等液体燃料的技术也已取得突破性进展，正筹建工业装置。由合成气生产甲醇已是工业化的成熟技术，目前该技术已有新的发展。由甲醇制乙烯、丙烯的技术已在0.75t/d（进料）的工业示范性装置上使用，UOP公司的UOP/Hydro工艺的产物中乙烯和丙烯占80%。该工艺应用的前景与甲醇价格有关。在间接转化技术方面，Exxon公司也发展成功了AGC－21（Advanced GasConversion）工艺技术。该技术第一步让甲烷在蒸汽存在条件下与限量的氧反应生成合成气，第二步进行Fischer-Trospsch合成反应，使合成气转化为正构烃混合物，第三步将其融化并进行加氢异构处理。对此工艺的进一步研究尚在进行中。

目前天然气的化工利用主要是先转化成合成气，而后再进行深加工。美国用作化工原料的天然气中，合成氨的用气量占68%，甲醇占17%，氢占6%。中国天然气的化工利用主要是用作化肥原料。目前四川、宁夏、新疆、大庆、盘锦、沧州和中原等地生产化肥是以天然气为原料。用天然气制甲醇仅有大庆、榆林和濮阳三家，进展较慢。

此外，中国科学院大连化学物理研究所已开发成功用甲醇或二甲醚作原料制取乙烯、丙烯等低碳烯烃的新工艺，为天然气的化工利用开辟了一条新路，发展前景广阔。

2.3.3 其他工业用途

随着科学技术的发展和环境要求的日益严格，世界天然气的利用领域还将进一步扩展。在电力工业方面，由于一些新技术在联合发电和联合循环发电中的应用，美国、欧洲等地又废除了一些有碍天然气在电厂应用的法规，经合组织国家正重新考虑大规模应用天然气来发电。目前，世界天然气发电量大体占火力发电总量的19%～20%，而我国仅为1%。如果选用天然气为发电厂的能源，不仅基建费用和操作费用较低，而且对环境的污染较小。与煤炭相比，天然气发电的二氧化碳排放量约为燃煤电厂的42%，NO_X的排放量则不到燃煤电厂的20%，而且不产生灰渣，也几乎不排放二氧化硫和悬浮颗粒物质。因此，随着中国经济的增长对电力需求增长的推动，将使天然气在中国的发展大有前途。此外，燃料电池技术已趋成熟，将逐步进入工业化应用阶段，从而也会使发电领域的天然气用量进一步增长。

天然气汽车也将得到广泛的发展，随着汽车工业的发展，汽车排放物污染已成为影响环境质量的主要不利因素之一。天然气作为一种低污染、低消耗的汽车代用燃料产品，将成为改善人口密集城市空气污染状况的有利措施。

天然气汽车的最大优点是排放物造成的污染显著减少。由于天然气汽车以甲烷为主，排放的尾气不含铅、苯及芳烃等致癌物质，基本不含硫化物。与汽油车相比，一氧化碳减少97%，碳氢化合物减少72%，氮氧化物减少39%，对于环保状况的改善十分有利。

虽然天然气汽车能够大大改善汽车排放带来的空气污染，但也有不利的一面。最重要的一点就是受天然气加气站的限制，加气站的建造费用较高，分布网点也较少，在国内的发展受到一定的限制，但前景依然广阔。

国外的汽车制造企业普遍认为，天然气汽车制造技术已经基本成熟，现在的问题是天然气供应是否充分保障。广泛地使用天然气作为汽车燃料，预计在不久的将来会变为现实。灵活燃料汽车的问世，将有利于推动天然气汽车的发展。诚然，天然气工业利用的广大市场还有待进一步的开发。

2.4 几个典型国家天然气供应能力分析

1. 美国

美国拥有世界上最大的天然气市场，2003年的天然气产量为$5495\times10^8m^3$，居世界第二；消费量为$6298\times10^8m^3$，位居世界第一。美国能源信息署（EIA）出台的2005年《年度能源展望报告》的参考模型预计，美国天然气用量将从2003年的$6231\times10^8m^3$增长至2025年的$8779\times10^8m^3$。

2. 俄罗斯

俄罗斯是天然气资源大国。全球42%的天然气资源和43%的天然气储量在俄罗斯。俄罗斯2006年生产天然气$6121\times10^8m^3$；消费天然气$4321\times10^8m^3$。俄罗斯是油气出口大国，每年通过管道出口天然气$1514.6\times10^8m^3$。天然气是俄罗斯最重要的燃料资源之一，其占能源生产构成的比例达到55.2%。俄罗斯天然气总消费量中，电力部门占45%；工业和农业部门占45%；公共及民用部门占10%。在未来公共民用和农业部门将是天然气的优先用户。计划到2010年公共、民用部门的消费量将比1990年增加一倍，农村地区的气化程度将从1990年的11%提高到25%。

3. 加拿大

截至2006年底，加拿大天然气探明储量约为$1.64\times10^{12}m^3$。加拿大2006年的天然气年产量约为$1870\times10^8m^3$，是世界第三大天然气生产国（仅次于美国和俄罗斯）和第二大天然气出口国（仅次于俄罗斯）。加拿大天然气几乎都出口至美国。该国天然气消费量预计在之后10年将会有飞速的增长，主要是在发电领域。

4. 挪威

挪威地处北欧，拥有丰富的油气资源和水力资源。挪威天然气储量为$1.17\times10^{12}m^3$。2006年，挪威天然气年产量$876\times10^8m^3$，储采比为93∶1。近几年来，挪威年产天然气量保持在$(700\sim800)\times10^8m^3$，按现有的合同，未来10年需求量还要增加1倍，2007~2008年产量达到$870\times10^8m^3$。油气产业对挪威的国民经济至关重要，已占其国内生产总值的16%，占出口总额的40%。挪威的国家能源政策充分体现了本国的能源资源特点，而且充分考虑到挪威作为油气生产出口国在国际能源组织和欧洲能源市场中的作用。

5. 日本

日本能源的95%以上依赖进口，天然气以LNG的形式进口，进口天然气增加了日本能源供给的安全程度。日本能源战略的核心和目标是实现经济增长、能源安全和环境保护三者的统一。自1994年以来，日本的能源政策取得了两个主要进展：管理框架改革和实施气候变化应对措施。1997年5月，《经济结构改革行动规划》决定加大政府不干预的力度。根据这一规划，能源部门努力重建供应体系，能源部门的改革是经济总体恢复政策的一个重要组成部分，大量进口 LNG 解决日本能源供应问题，2006 年进口 818.6 亿 m^3 天然气。

6. 韩国

韩国天然气行业大致经历了起步阶段、液化石油气占主导地位和引入液化天然气（LNG）3 个阶段。2005 年城市天然气的普及率为 80%，国内天然气消费量将达到 $337\times10^8m^3$，是 1995 年的 3.3 倍。随着发电用需求量和国民收入的增加以及环保制度的强化，2006 年消费量达到 $341.4\times10^8m^3$，城市天然气的普及率则为 80% ~85%。液化天然气发电设备占总发电设备的比重提高到 16%。

由此可以看到，近半个世纪以来，世界天然气工业保持了强劲的发展势头，天然气在世界一次能源构成中所占份额已从 20 世纪 50 年代初的不到 10%上升到 2000 年平均水平的 24%。《BP 世界能源统计 2005》报告显示，2004 年能源结构中天然气发展较快，其比例已占到 23.7%。据国际能源机构预测，到 2020 年，天然气在世界一次能源结构中所占的比例将增加到 30%左右；大约在 2030 ~ 2040 年，天然气将超过石油而成为世界第一大能源。

第3章　国内外天然气资源与发展

3.1　我国天然气概况

中国天然气资源量的测算始于“六五”国家重点攻关项目“煤层气的开发研究”，主要研究煤层气资源量。石油勘探开发科学研究院对中国11个主要含煤盆地预测了煤层气资源量；原地矿部石油地质研究所对9个主要含煤气盆地预测了煤层气资源量，并预测煤层甲烷资源量约为17.9万亿m^3。

“七五”国家重点科技项目“天然气（含煤层气）资源评价与勘探测试技术”，由原地矿部石油地质研究所、石油勘探开发科学研究所和中国科学院兰州地质所等单位共同承担，于1990年完成了对全国沉积岩面积67%（总面积为441.88万km^2）的30个中新生代盆地和12个古生代以海相为主的沉积区块的天然气资源评价。预测全国天然气总资源量为24.45～54.74万亿m^3，代表值为38.03万亿m^3。

1992年，原中国石油天然气总公司同中国海洋石油总公司开始对全国油气资源进行了系统评价，并在1994年底完成。通过对占全国沉积岩面积51.81%的69个盆地进行天然气资源评价，预测全国天然气资源总量（未包括台湾省和南海南部海域）区间值为37.30～38.64万m^3，期望（代表）值为38.04万亿m^3（与上述“七五”期间预测代表值非常接近）。其中陆上天然气资源代表值29.90万亿m^3，占总量的78.60%，海上天然气资源代表值8.14万亿m^3，占总量的21.40%。天然气资源量主要集中在第三系、石炭二叠系和奥陶系。其资源量分别为11.02万亿m^3，8.02万亿m^3、5.02万亿m^3。这三个层系天然气资源量之和为24.06万亿m^3，占全国天然气资源总量的63.24%。

中国在20世纪80年代和90年代开展过两次全国性的油气资源评价，然而这两次评价没有计算可采资源量。随着油气资源供需形势日趋严峻，中国政府启动了新一轮全国油气资源评价工作，以摸清油气资源“家底”。2004年初，中国石油、中国石化、中海油三大公司在全国1993年第二次油气资源评价成果的基础上对各自所属探区进行第三次油气资源评价。据三次资评成果，中国油气资源总体比较丰富，天然气远景资源量为52.65万亿m^3，天然气可采资源量22万亿m^3左右。截止2005年底，已累计探明天然气可采储量3.5万亿m^3，剩余天然气探明可采储量2.85万亿m^3，待探明可采资源量17.4万亿m^3，天然气可采资源探明程度仅为15.9%，处在勘探早期阶段，正处在大气田发现、储量快速增长期。我国的天然气资源主要集中分布在中西部和东部海域的富气盆地，全国天然气资源的分布图如图3-1所示。目前，我国已形成六大天然气产区：塔里木气区、鄂尔多斯气区、柴达木气区、川渝气区、南海北部大陆架气区、东海气区，这六大气区天然气探明储量占全国总储量的77%。另外我国的非常规油气资源比较丰富。2005年全国煤层气资源评价结果显示，埋深2000m以上浅煤层气资源量约37万亿m^3，可采资源总量近11万亿m^3。“十一五”期间继续加大勘探力度，再发现一批大气田，平均每年新增天然气地质储量2000亿m^3是完全有可能的。

应当指出，随着第三次资源普查的结束，中国天然气资源量将会有更乐观的估计，天然气的储量和产量必将有大幅度的增长，前景广阔。从资源量以及人类对清洁能源的渴求，再加上石油资源量和供应的不确定性，天然气在世界能源结构中将发挥越来越重要的作用，在我国的能源供应结构多元化的今天，也是不可或缺的优质能源。在 21 世纪，天然气将以压倒石油和煤炭的优势，成为世界一次能源消费结构中的“首席能源”，所以许多专家称 21 世纪将是“天然气时代”。天然气在能源结构中所占的比例越来越大，我国天然气工业已经进入了大发展时期（图 3-1）。

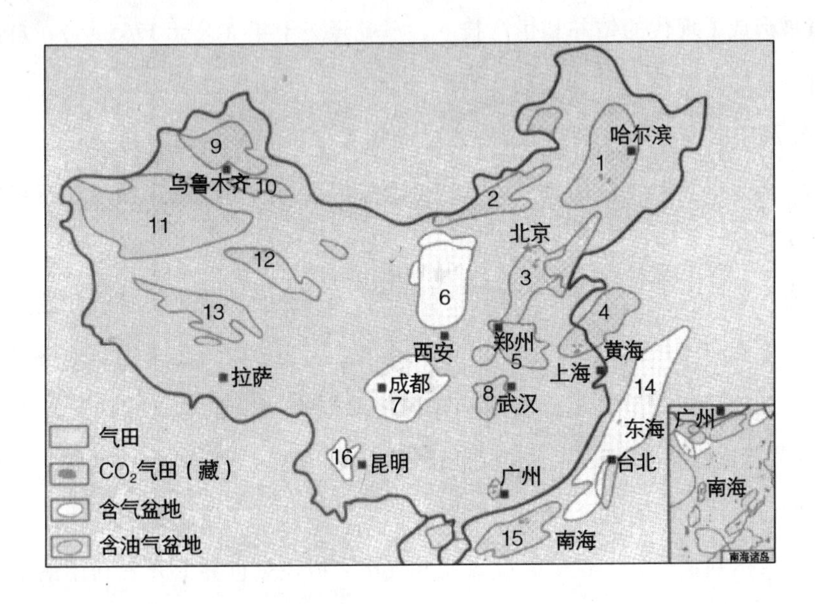

图 3-1　中国天然气资源分布图

1—松辽盆地；2—二连盆地；3—渤海湾盆地；4—南黄海盆地；5—河淮盆地；6—鄂尔多斯盆地；7—四川盆地；8—江汉盆地；9—准噶尔盆地；10—吐哈盆地；11—塔里木盆地；12—柴达木盆地；13—羌塘盆地；14—东海盆地；15—珠江口盆地；16—楚雄盆地

3.2　我国天然气产业的发展历程

中国是世界上发现和利用天然气最早的国家，至今已有两千多年历史。天然气最早发现地是四川邛峡火井乡。应该说，中国的天然气是伴随着盐业钻井而发展起来的。战国时期，（约公元前 3 世纪～公元 1 世纪）秦孝文王时的蜀守李冰，在现在的四川邛峡一带钻凿盐井的过程中钻遇天然气，在邛崃县花牌坊出土的汉画像石中清楚地显示出井口、井架、锅灶及劳动的情景。根据历史古籍的记载，四川自贡的自流井地区在十三四世纪就已经开始了较大规模的天然气开发，其钻井技术基本上属于现在所说的冲击钻井，这项技术的基本要领于17世纪传到了荷兰和法国等欧洲国家，直到19世纪，世界其他地区才真正掌握了这一古老的四川经验，并在此基础上发展形成了现代的钻井和生产技术。清乾隆三十年（公元1765年），自流井构造的老双盛井井深已达530m，天然气日产量约1600m^3；嘉庆二十年（公元1815年），自流井构造的井已能钻穿侏罗纪地层，达到三亚纪的顶部；道光十五年（公元1835年），自流井构造的磨子井钻穿嘉陵江石灰岩的主气层，井深达到1200m以上，从井口喷出火焰达几十丈高，史称“自贡古今第一大火井——火井王”。据考证，当时在自流井气田日产天然气上万立方米的气井约有十口；公元1875年左右，自流井气田采用当地盛产的竹子为原料，去节打通，外用麻布缠绕涂以桐油，连接成现在意义上的“输气管道”，总长二三百里，在当时的自流井地区。形成输气网络，天然气的应用从井的附近延伸到远距离的盐灶，推动了气田的开发，使当时的天然气达到年产700多万m^3。自流井气田可以说是世界上开发利用最早的天然气田。

在上述发展过程中，天然气只是盐业开采的副产品和燃料，真正意义上的天然气工业还没有形成。直到1878年，清政府在台湾苗栗设置矿油局，负责出磺坑油田的钻井采油业务。这是中国近代石油工业的第一个管理机构。1904年，台湾发现天然气田，这标志着由政府组织、领导和管理的中国近代天然气工业初现雏形。

20世纪初，国内外勘探家集中在四川地区做了大量的天然气资源考察。美国人劳德伯克在1915年对广元到乐山、键为、自贡及川中等地进行系统调查，著有“四川石油地质调查报告”1929年，中央地质调查所谭锡畴、李显显由鄂入川，对川康两省进行了两年的地质调查，著有多种报告，其中有“四川石油概况”。1934年，中国工程师学会组成考察团赴四川考察实业，由陆贯一和洪中分别负责石油和天然气的考察工作；1936～1937年，中央地质调查所潘钟祥等对重庆石油沟一带做过石油详查：1936年6月，经济部资源委员会在重庆设立四川石油勘探处。1937年，采用德制1200m旋转钻机在巴县石油沟开钻巴1井，从此开始了中国现代石油天然气钻探工作。1939年11月25日，巴1井完钻，井深1402m，钻遇三叠纪上部石灰岩含气层，经测试日产气1.415万m^3。这是我国第一口用旋转钻机钻成的天然气井。

1941年，四川油矿勘探处用高压钢瓶装天然气做动力燃料试验；1943年12月，四川石油勘探处在隆昌圣灯山两道桥钻成一口高产气井——隆2井，井深844.97m，井口压力50个大气压，日产气14万m^3；由于当时能源缺乏，四川地质勘探步入较快的发展阶段。陈秉范对川南、川东部分地区及龙门山作过石油地质调查；1943～1945年，谢家荣、马祖望等人对长寿、隆昌、简阳和龙泉等地作过石油天然气调查。截至1948年，全国投入开发的气田有四川自流井、石油沟、圣灯山和台湾锦水、竹东、牛山、六重溪等七个气田，累计生产天然气11.7亿m^3。

1949年以后，新中国政府组织对陕甘宁、塔里木和四川等盆地和沿海地区进行了大规模的系统勘探，至1970年，仅在四川就发现了20个天然气田，其中的威远气田储量达400亿m^3，其经过净化的天然气开始销售到其他地区。威远气田的开发利用标志着我国天然气市场化时代的到来。1980年，全国的气田总数增加到80个。1977年10月，四川相国寺气田首次在石碳系发现高产气井，奠定四川大气田的基础。1979年全国天然气产量达到145亿m^3。四川省和东北地区已经铺设了输气管线，生产的天然气作为化工原料输送到全国九大化肥厂和化纤厂。在四川的成都、重庆、自贡、内江等天然气储量丰富的地区，开始用天然气作为民用燃料，出现了以天然气为燃料的公共汽车。

1981～1990年，中国天然气勘探开发得到了较快的发展，在陆地和近海均发现了含气构造。1983年7月，南海莺歌海区块崖13-1-1井获高产气流。崖 13-1 气田不仅是中国海上第一大气田，也是中外合作开发海上油气资源的成功范例；1984 年 9 月 22 日，沙参井实现了塔里木盆地海相古生界的重大突破，发现了中国第一个古生界海相油气田，为国家制定“稳定东部，发展西部”的油气资源战略提供了重要依据；1987 年 11 月，四川建成全长近 300km 的北环输气干线；1988 年，陕参 1 井打出高产气流，发现陕甘宁盆地的靖边气田；1988 年 11 月 17 日，轮南油气田的发现，揭开了开发塔里木油气资源的序幕；1989 年 3 月，四川南充兴建了中国第一座压缩天然气（CNG）充气站；1989 年，四川大天池构造两口井均获高产气流，发现龙门高点气田。

20 世纪 80 年代，全国气田数增加到 106 个，1989 年全年产量 144 亿 m^3。天然气工业发展相对滞后的状况，引起国家高层领导和经济决策机构的高度重视。“八五”期间开始实施“油气并举”和“稳定东部，发展西部”的油气资源战略。政府在加强天然气资源的勘探、开发和利用方面采取了一系列措施，并取得可喜的进展：1991 ~ 1995 年间，中国天然气产量从 160. 70 亿 m^3 增加到 174 亿 m^3，平均年增长速度为 2. 33%，2005 年探明天然气地质储量 6308 亿 m^3，相当于前 40 年探明储量的总和。“九五”期间，天然气新增储量突破万亿 m^3。1996 年天然气产量首次突破 200 亿 m^3 大关，开始进入产量快速增长期。以 1997 年陕—京线建成为起点，天然气管网从各产区区域内向外延伸、跨省的长输管线陆续投入建设和使用、液化天然气工程启动、非常规天然气开始研究和勘探、频繁开展引进天然气项目的谈判，国内天然气进入了大发展阶段。天然气产量年均增幅达到 10%，2000 年天然气年产量已达 262 亿 m^3。到 2006 年，我国累计探明天然气可采储量 3. 7 万亿 m^3，天然气产量从 2000 年 262 亿 m^3 迅速增长到 2006 年的 595 亿 m^3，年均增长 55 亿 m^3，是 20 世纪 90 年代年均增长 11 亿 m^3 的 5 倍。以中西部地区为重点的天然气勘探连续取得重大突破，累计新增大中型气田 28 个。鄂尔多斯盆地上古生界、柴达木盆地三湖地区、塔里木盆地库车地区、四川盆地川东和川西地区的天然气勘探取得突破，成果不断扩大，形成了陆上四大气层气资源区，尤其是库车坳陷克拉2气田的发现和陕北上古生界勘探成果的不断扩大，为西气东输奠定了资源基础。准噶尔盆地南部、大港千米桥、苏北盐城地区天然气勘探的突破，扩大了陆上含油盆地找气领域。南海和东海西湖凹陷勘探的新进展，构成了海域油气工业发展的新的增长点。

1991年6月4日，塔里木盆地发现一个整装大型油气田——吉拉克油气田。

1992年6月14日，东海平湖地区孔雀亭构造发现高产油气流，东海第一个开发建设的油气田——平湖油气田被发现。

1997年，沙46、48井在塔河地区奥陶系获重大油气突破，发现了在中国油气勘探史上具有里程碑意义的古生界海相碳酸盐超亿吨级大油田——塔河油田。

1997年9月10日，陕—京输气管道建成；1998年3月25日，四川长寿天然气净化厂投产；同时，大天池气田正式投入开发。

1998年9月17日，克拉2气田探井喜获高产气流，发现塔里木石油会战以来的最大整装优质天然气田，为国家“西气东输”战略工程提供了可靠的气源保证。

1999年11月23日，山西沁水探明中国第一个大型煤层气田。

1999年12月21日，“广东液化气（LNG）工程项目可行性研究报告”获准立项，拉开中国天然气国际贸易的序幕。

2000年4月13日，西沙海槽区发现天然气水合物资源。

2000年5月，罗家1井测试日产气量高达45万m^3，罗家寨气田被发现，其探明储量超过580亿m^3，位列四川盆地100个气田之首。

2000年8月26日，苏里格气田发现井——苏6井喷出120.16万m^3的高产工业气流，中国迄今最大的天然气田苏里格气田被发现并进入世界级知名大气田行列。

2000年12月12日，春晓3井证实东海西湖凹陷具有丰富的油气资源。

2001年12月12日，涩—宁—兰输气管道建成投产，管道西起青海省柴达木盆地涩北一号气田，途经青海省西宁市，终至甘肃省兰州市，全长930km。

2002年7月4日，国家实施西部大开发战略的标志性工程——西气东输工程开工。工程西起新疆塔里木盆地的轮南，东至上海白鹤镇，沿线经过新疆、甘肃、宁夏、陕西、山西、河南、安徽、江苏、上海、浙江10个省市区。工程包括塔里木盆地天然气资源勘探开发、塔里木至上海天然气长输管道建设以及下游天然气利用配套设施建设。主干管道全长约4000km，设计年输气量120亿m^3，总投资近1400亿元，是中国迄今为止建设的距离最长、管径最大、压力最高、输气量最大、技术含量最高的输气管道工程。

2002年12月26日，大庆油田在位于松辽盆地深层徐家围子断陷中央的徐深1井获得地质储量300多亿m^3的天然气藏。松辽盆地北部深层天然气勘探取得历史性重大突破，展示了深层天然气勘探的良好前景，有望探明1000亿m^3大型天然气藏，成为我国陆上第五大气区。

2003年10月1日，西气东输工程的陕西靖边—上海段投产：2004年1月1日，长庆天然气田向上海正式供气；2004年10月1日从新疆轮南至上海管道全线贯通投产；2004年12月30日，实现全线商业运营。

2003年11月，新疆阿克苏的乌参1井喜获高产油气流，该区域天然气地质储量预计为1001.6亿m^3。

2003年11月，开发南海东部番禺30-1和惠州21-1两个油气田的珠海项目启动。

2004年初，山东东营的一口探井测试获得高产工业气流，初步预测该区域的天然气地质储量将达到200亿m^3。

2004年，四川宣汉县境内的坡5井喜获高产工业气流，无阻流量超过1550万m^3/d，成为四川盆地首屈一指的大气井。

2005年3月2日，松辽盆地北部4400m深层地层中发现储量约1000亿m^3的大型天然气田。

2006年中石化于今年宣布在四川宣汉县普光镇发现普光气田，经国土资源部矿产资源储量评审中心审定，于2005年末普光气田累计探明可采储量为2510.75亿m^3，技术可采储量为1883.04亿m^3。普光气田也是我国目前发现最大的五个2000亿m^3以上的大气田之一。

2007年5月3日，中国石油天然气集团公司在渤海湾滩海地区发现储量达10亿t的大油田——冀东南堡油田。天然气（溶解气）地质储量1401亿m^3（折算油当量11163万t）。

3.3　天然气产业发展趋势

新中国成立60年来，天然气工业有了较大发展，天然气储量、产量和消费量以及在一次能源消费结构中所占的比例都有不同程度的增长。2004年初，中国石油、中国石化、中海油三大公司在全国1993年第二次油气资源评价成果的基础上对各自所属探区进行第三次油气资源评价。据三次资评成果，中国油气资源总体比较丰富，天然气远景资源量为47万亿m^3，天然气可采资源量14万亿m^3左右。

我国国民经济快速稳步增长，国内经济发展势头良好，这为天然气的大规模开发利用提供了条件。进入21世纪后，2001年中国天然气产量已达到303亿m^3，是1995年的1.6倍，2002年继续保持良好增长态势，全年产量达到326.33亿m^3，比上年增长7.5%，2003年产量达到341.28亿m^3；2004年中国天然气行业供需两旺，天然气产量超过350亿m^3，比2003年增长7%以上；2005年，全国生产天然气499.5亿m^3，同比增长22%；销售量为403亿m^3，增幅达34%；2006年，我国共生产天然气595亿m^3，比上年499.5亿m^3增长96亿m^3，年产量位居世界第11位，跨入世界天然气生产大国行列。天然气储气能力达到823万m^3，民用天然气消费量达到175.4亿m^3，液化石油气消费量达到1367.3万t。目前，我国人均GDP已超过8000元。另外，环保要求的提高使得天然气的消费呈快速增长趋势，但我国天然气产量的增长跟不上消费增长速度。据有关专家预测，到2010年和2020年，我国天然气的供应缺口分别将达到500亿m^3和800~2200亿m^3。

2005年我国天然气的产量在一次能源生产结构中占3.3%，消费量在一次能源消费结构中占2.9%。随着天然气工业的快速发展，我国的能源结构将逐步得到改善。2005年我国天然气消费结构中化肥及其他化工产业、城市天然气均占31%左右，2005年与2004年相比城市天然气所占比重增长较快，上升了两个百分点，如表3-1所示。目前中国天然气消费以化工为主，预计今后天然气利用方向将发生变化，会主要以城市气化、以气代油和以气发电为主，其中城市天然气将是中国主要的利用方向和增长领域。

2004~2005年中国天然气消费结构变化情况　　表3-1

时间	化工	城市天然气	工业燃料	发电	其他
2004年	33%	29%	26%	12%	0%
2005年	31%	31%	25%	13%	0%

中国天然气产量及消费量现状及发展预测如图3-2所示。2004年与2005年我国天然气产量分别为408亿m^3和499.5亿m^3，消费量分别为390亿m^3和460亿m^3。十五期间天然气产量和消费量都分别年均增长13%左右。随着天然气勘探水平的提高和探明储量的不断增长，2010年我国天然气产量将达到850亿m^3，2020年将达到1300亿m^3。但由于生产增长慢于消费增长，同期天然气需求量将分别达到1000亿m^3和2100亿m^3，缺口约150亿m^3和800亿m^3，未来供给缺口将逐步增大。为了弥补天然气市场缺口，我国必须进口天然气。进口方式主要有两种：一是利用陆上管道从俄罗斯、哈萨克斯坦进口天然气；二是在沿海地区设立接收站，从东南亚、中东和澳大利亚进口液化天然气（LNG）。随着国家能源安全和能源多元化政策的实施，我国将形成“西气东输”、“北气南输”、“海气上岸”、“LNG登陆”等多气源互补的天然气安全供给格局，天然气的开发利用有着长期稳定的可靠资源保障。

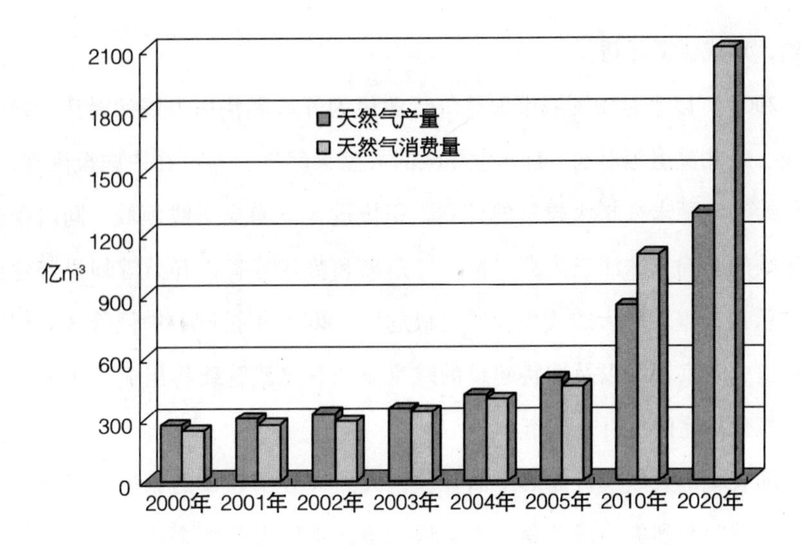

图3-2 中国天然气产量及消费量现状及发展预测

截至2005年，全国天然气管道总长度约2.8万km，干线输气能力达到450亿m³。近几年是我国天然气管道建设的高峰期，除了西气东输管道以外，2005年忠武输气管道工程、陕京二线输气管道、冀宁联络管道等工程都已投产运营，全国性的天然气主干管网框架已经基本成形。

2004年底至2005年初，北京发生天然气"困局"。自2005年10月下旬开始，西安、重庆、成都、郑州等地也相继出现天然气供应紧张。2005年冬季，天然气供给紧张的局面加剧，沈阳、济南等部分城市甚至出现了不同程度的"气荒"。此次天然气供应紧张波及面广，从南到北波及许多大中城市。探讨发生"气荒"的原因，大致可以归结为四点：（1）2005年是"十五"前几年建设的气化工程投产的高峰年，城市气化规模超过了预期的供应规模，尤其是调峰能力不能满足用气需要。（2）随着国际国内油价的大幅度提高，国内天然气已显示出明显的价格优势，"城市气化"和"以气代油"的趋势加快了天然气需求的增长。（3）天然气产业上下游缺乏协调机制。长期以来，我国基本形成了由供方进行天然气上中游规划，由需方进行天然气下游利用规划的局面，两方面的规划没有科学地进行协调，缺乏一致性。（4）气源供应商要求提高国内天然气出厂价格，不愿过多增加供给，形成供需矛盾。

2005年以来是中国城市天然气行业最为开放和快速发展的时代。通过参股、兼并重组等形式，许多世界级的大型天然气公司已在中国投资建厂，并纷纷制定了未来扩大投资的计划，积极进入下游支干线领域；同时受能源短缺的影响，珠江三角洲、长江三角洲和福建等省市开始筹划投资建设LNG管道，以缓解天然气和石油短缺危机。2005年投产的中俄管线和涩宁兰管道、陕京管线以及即将建设的陕京复线、忠武管线将组成一张输气管网，气化沿途的上百个城市。

随着城市天然气行业的全面开放，天然气分销领域的竞争格局将逐渐由垄断转向激烈的市场竞争。为赢得竞争，中国天然气企业将不再仅仅要加强与中石化、中石油的合作，而且需将合作领域拓展至国外的石油和天然气公司。同时，2006年中国天然气企业将加深与资本层面的合作，积极建立银企合作关系和运筹在香港或者内地上市。从长远看，能够整合天然气行业上中下游资源的大型跨区域天然气集团将会获得竞争优势。

中国发展天然气工业有利于缓解能源供需矛盾、优化能源结构、减少污染物的排放量，实现可持续发展战略。中国能源生产和消费的主要特点是以煤为主。“十五”期间，一次能源生产的年均增长率为4.37%。能源的消费结构是：原煤占75.3%，原油占17.5%，天然气占1.9%，水电占5.3%。这种以煤为主的能源结构带来的问题是防治污染的费用日益增加；其次，对铁路运输也造成了压力。据预测，到2020年中国能源需求量将至少增加8亿t标准煤。国家“十五”天然气供需计划中，预计到2010年，天然气年产量约为800亿m^3，占能源总量的比重提高到6%以上。天然气消费量占能源总量的比重将提高到5.5%以上。因此，加快天然气的开发利用是缓解中国能源供需矛盾和优化能源结构的一项重要措施。

中国天然气管网规划建设发展迅速，为天然气工业的快速发展奠定了基础。天然气工业体系是资源、管道、市场、管理紧密衔接的系统工程。川渝地区的南北环状管网已经建成，中国天然气的“三纵”（西气东输线1

线和忠—武线已建成投产，西气东输2线正在建设中，该线建成年供气300亿m^3，主要向华东和华南地区供气，并计划建设西气东输3线到北京及东北地区）主干管线初步形成。已建成的管线有陕—京1、2线；涩—宁—兰线；柴达木盆地内涩格、仙敦、南花、仙翼四条管线连网互供；靖—西线；靖—榆线、靖—银线及陕—宁线；鄯善—乌鲁木齐线；南海崖城13-1—香港、海南线；东海平湖—上海线；渤海锦州20-2—锦西线；渤西—塘沽线；沧州—淄博线；北京—石家庄线；海南东方—洋浦—海口线等。初步形成了以“陕气进京”、“川气出川”、“西气东输”、“海气登陆”为发展战略，以陕甘宁地区、四川、新疆三大天然气产区为龙头，向华北、东北、长江三角洲、珠江三角洲等经济发达地区辐射的全国性天然气输送格局。同时，随着从俄罗斯、土库曼斯坦等国家修建从西北和东北分别入境的跨国长距离输气管道引进天然气，将能基本满足我国经济发达地区的天然气需求。

广泛的应用领域必将促进中国天然气的开发。天然气被广泛地应用在化肥、化工、冶金、电子、军工、机械制造、医药、轻工、纺织、交通、建材、商业和民用等领域，例如天然气发电；天然气驱动汽车；液化天然气（LNG）技术；压缩天然气（CNG）技术、天然气制液体燃料和天然气制芳烃技术；天然气制合成油（GTL）、二甲醚（DME）与甲醇技术；用天然气加工各种化工原料及产品；替代城市煤制气等等。这些广泛的用途伴随着天然气的储运技术、深冷压缩液化技术、合成油技术、天然气分离及化学合成技术的不断发展，会越来越受到市场的重视。天然气下游产业的需求必将极大地刺激和鼓舞天然气资源的勘探开发。

日前公布的2007年能源蓝皮书指出，中国天然气将迅猛发展，预计未来15年中国天然气需求将呈爆炸式增长，平均增速将达11%～13%。《2007中国能源发展报告》日前由社会科学文献出版社出版，该书指出，从国家天然气发展总体规划看，在2000年的60多个已通天然气城市的基础上，到2010年发展为270个城市左右，21世纪中期，全国65%的城市都将通上天然气。此外，各级地方政府在发展城市天然气方面也非常积极。由此可见，无论是下游的市场空间还是上游的资源储备，天然气都具备大发展的条件。蓝皮书预计，未来15年中国天然气需求呈爆炸式增长，平均增速达11%～13%，预计到2010年天然气需求量将达到1000亿m^3，产量约850亿m^3，缺口将达到150亿m^3以上；到2020年天然气需求量将超过2000亿m^3，而产量仅有1300亿m^3，另外的40%以上将依赖进口。

第4章　天然气成本分析

4.1　国内外天然气价格概况

蓝皮书主编、中国社会科学院中国经济技术研究咨询公司总经理崔民选博士表示，中国肯定要加快资源价格与国际接轨的步伐，使天然气价格与其他能源价格具有可比性。天然气价格高低是关系天然气事业健康发展的关键问题，本节针对城市未来天然气的价格进行分析。

4.1.1　国际上天然气价格概况

1992~1996年间，天然气领域的投资以年均12%的速度增长，高于对石油开发投资的增幅。据国际天然气联盟1997年10月的一项调查，1995年全世界的天然气消耗量约为20000亿m^3，到2030年，世界天然气的年消耗量将会增加一倍，达到41000亿m^3。国际各权威机构预测2010~2020年间天然气在能源结构中的比例将达到35%~40%，天然气将成为第一能源。欧美等发达国家在20世纪70年代石油危机过后，天然气的价格一直居高不下。美国从1973年到1978年，天然气的价格平均每年增幅为33%，1978年到1982年，天然气的价格平均每年增幅为10%，但从1982年至1995年，天然气的价格下降约50%。这是由于从80年代开始，国际石油价格不断下降，在能源市场上出现了多种能源的竞争，从而使天然气大幅降价。进入21世纪后，各国对石油和天然气需求的急剧增加，又使天然气的价格大幅上升，从2000年到2005年，天然气价格几乎升了一倍，使天然气供应商处于被动状态，迫使天然气行业对天然气的价值规律（value cost）进行研究，对天然气开采成本、输送成本、城市输配成本进行了大量研究，采用了现金价值（Spot Price）和边际成本（Marginal Cost）等新理论研究天然气的销售价格，以及在能源市场竞争中的价格决策体系，主要价格策略是采用动态价格体系，把天然气用户分为居民、商业和工业三大类分别定价，对负荷稳定的大用户市场采用折扣价格，天然气供应商与城镇天然气公司之间的交易采用长期合同价格，照付不议，引进竞争机制，这对天然气事业的发展起到了重要的推进作用。

4.1.2 美国天然气价格的制定策略

美国采用天然气经济规制办法控制天然气价格的波动范围。所谓天然气经济规制是指政府依据一定的规则对天然气的生产、流通、分配和消费各个环节的经济活动进行限制的行为。天然气经济规制是在存在自然垄断和信息不完全的条件下，为了防止资源配置低效和保证社会公正，政府运用法律、法规，通过“许可”和“认可”等手段，对企业进入和退出天然气生产、流通、分配和消费领域、制定价格、确定服务的数量和质量、进行投资和财务会计等有关行为进行的管制。天然气的供气模式如图4-1所示，天然气生产商把生产净化好的天然气转销给天然气输送公司，输送公司再把天然气转销给城市天然气输配公司、大工业用户和发电用户。一般天然气输送公司负责地下储存天然气调节季节不均匀性。因此，不同季节天然气的门站成本是不同的，一般是夏季、春秋季价格低，冬季价格高。

由于天然气行业是自然垄断行业，在实行价格管制的条件下，并没有解决天然气供应不足的问题。因此，1989年和1992年议会通过相关补充条例，进一步开放天然气井口价格和州际天然气贸易。城市天然气购买合同

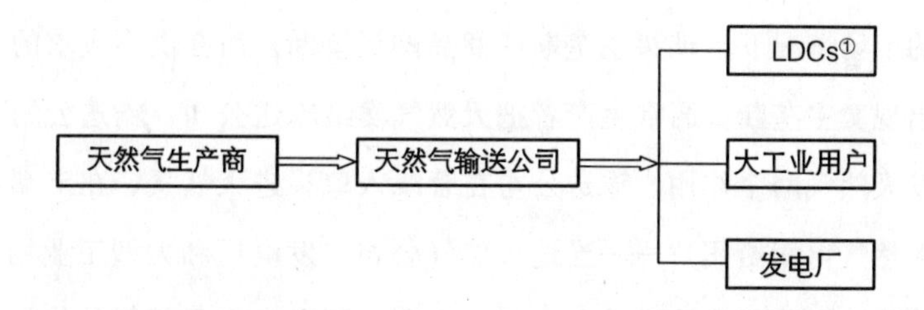

图4-1　天然气销售流程图

有三个价格机制。第一是基本负荷，以月为计算基础，计算单位为MBTU，基本负荷价格的市场作用是产生期望需求预测，在本月结束时采用最小日供气量作为下一个月的供气合同；第二是波动负荷，每周周末确定下一周每天的波动负荷；第三是现金负荷，每天确认。结算方式：基本负荷和波动负荷按定价结算，多余基本负荷的部分按现金负荷结算，现金价一般比较高，但有时也可能比基本负荷价低。

当地天然气输配公司与输气管线公司签定的在门站供气合同中费用包括输送、储存和燃料费。大工业用户和发电厂直接与天然气输气管线公司签订合同，避开当地输配公司以降低天然气购入成本。当地天然气输配公司，根据不同用户的供气成本制定不同的供气价格，同时考虑其他替代燃料的竞争价格。采用“照付不议”（Take or Pay）购销合同的机制，合同规定了用气负荷和到门站的销售价格，用气负荷允许有一个波动范围，一般不超过5%，当用户实际使用天然气量低于合同规定的最低负荷，都按合同规定的最低负荷付款，当用户实际使用天然气量高于合同规定的最高负荷，按议价付费。

4.1.3　欧洲的天然气价格

在高度集中的欧洲天然气市场，天然气被多次转卖，从生产气田到终端用户，经常是处于垄断状态——由于天然气价格的波动比较大，在供过

---

① LDCs含义：当地燃气输配公司，Local (gas) distributing companis.

于求的市场情况下出现买主垄断或商品购买垄断，而在供不应求的市场情况下出现卖主垄断。通常生产者把天然气卖给输送公司，输送公司有转送和批发天然气两个作用。输送公司在管线入口买进天然气，在末端城市门站把天然气再卖给用户——当地天然气公司、发电厂和大型工业用户。当地天然气输配公司像输送公司一样，也有输配和专卖天然气的作用。输配公司的终端用户是居民用户和商业用户。发电厂和大型工业用户从输配公司购入天然气自己使用，用于发电、化工产品等生产过程，一般天然气生产商与输送公司签定一个长期合同（可到20年），而与其他用户签定一个中期合同（1~5年）。通常天然气的销售价格对不同的消费集团是变化的，对居民用户和商业用户（LDCs的市场）价格最高，对发电厂的价格最低。当天然气生产商的合同价格保证从合同条文中得到支持，从输气公司和LDCs获取利润，利润主要取决于投资和谈判结果，而不受市场天然气价格的影响。因此，生产商的销售价格与终端用户价格有很大的差异，而LDCs和输送公司的利润就不同了。为了使天然气进入欧洲能源市场，在一些合同中终端用户的合同价格低于其他可供选择的能源价格。

由于欧洲天然气市场的自由化，在今天的供气体系中天然气没必要被多次倒卖。在一个彻底的自由化市场中，天然气输气公司直接与LDCs、发电厂和工业用户签定合同，使他们从输气公司购买输气服务。这种输送服务费用，应该包括输送公司正常的利润，而没有任何经济利润。输送公司的输送和批发应分类定价，他们应只有输送作用。因此，这样的经纪人和商人将成为有条理市场的新角色。

然而输气公司经常是自然的市场垄断者（或最大的求过于供的控制者），他们的行为和价格政策应通过政府机构进行管制。例如，法国于1990年颁布法令规范了天然气价格的管理，民用与商用天然气价格由政府管理，必须经过政府批准，工业用气的价格可以由天然气公司自行确定。定价方法考虑以下三点：（1）供应各类不同的用户所需的成本是指定和调整价格的依据；（2）考虑当前平均成本和发展成本；（3）从城市输配系统上看，考虑主输气管网成本、支线成本和配气成本。天然气价格的构成由三部分构成：固定费用、容量费用和商品费，可用下式表示：

年收费 = 固定费 + 容量费 × 最大日供气量 + 商品费 × 年用气量

4.1.4 日本、韩国的天然气价格

由于日本、韩国的天然气全部来源于进口 LNG，需要建设 LNG 接收码头、LNG 储存和气化设施。因此，其天然气的成本高于欧美等采用管道输送的国家。对不同类型的用户采用不同的价格，对制冷等低峰用户和发电用户进行大幅优惠。日本东京天然气公司的天然气费以每个月为一个计算收费单位，表4-1为东京市区一般用户的天然气价格表，表中定额基本价格是一项固定费用。对于空调、采暖用户和发电用户根据不同用气负荷进行优惠，用气量越大，优惠越多，同时还分季节，12～3月采暖季节价格高，4～11月淡季价格低。一个月的天然气费计算方法如下：

1个月的天然气费 = 定额基本价格 + 流量基本价格 × 合同可能使用量 + 超量价格 × 使用量

价格中包含消费税，对郊区县的定额基本价格略有变化。对采暖、空调和发电用户按季节分时段。当进口天然气价格波动超过 ±5% 时，对额定流量基本价格进行调整。由表4-1中可以看出对用量小的居民用户额定流量基本价格最高，对用量居中的商业用户价格居中，对用量大的工业用户价格最低。

东京天然气公司一般用户天然气价格表　　表4-1

用户类别	定额基本价格（日元/月）	额定流量基本价格（日元/m^3）	超量价格（日元/m^3）	定额流量（m^3/月）
Ⅰ	690	122.25	123.99	$V \leqslant 25$
Ⅱ	1170	103.03	104.77	$25 < V \leqslant 500$
Ⅲ	6880	91.61	93.35	$V > 500$

韩国天然气公司（Kogas）的天然气批发价格由原料费和供应费两大部分组成。原料费包括七类费用，分别是进口价格、进口处理费、进口关税、

特许经营税、损耗、进口附加费、安全管理附加费，其中，进口附加费和安全管理附加费仅适用于城市天然气用户。由于LNG进口价格与原油价格成指数关系，因此为了反映出进口价格和汇率的波动，电力用户的原料费每个月调整一次。相反，为了避免频繁的价格变化，城市天然气用户的原料费每季度予以调整，但只有在原料费变化幅度超过±3%时才可调整。

批发供应费每年进行计算和调整，该费用由接收站费用和输送费用两部分组成。对于电力用户采用三种季节性价格，即冬季、夏季和其他季节。对于城市天然气用户，供应费根据最终用户的种类不同而有所差异。城市天然气最终用户分为5类：住宅/采暖（包括烹饪、住宅和商业事务所采暖）、制冷、商业、工业、建筑物的热电联供和区域供热。建筑物热电联供和区域供热根据三种季节性价格进行调整，而其他种类的用户则全年采用各自的统一价格。

4.1.5 部分国家天然气终端用户的价格

欧美、日本各国天然气终端用户价格按边际成本定价原理拉开民用、工业和发电的天然气价格，多数国家发电用气价格最低，仅为民用气价格的1/2～1/7，有的国家工业用气价格低于发电用气价格，见表4-2，这是符合价值规律的。但是我国天然气价格拉不开差距，使得发电用天然气价格在门站价偏高的基础上更加偏高。

1990～1999年部分国家天然气终端用户平均价格[元/10^7kcal（高热值）]　　表4-2

	1990			1995			1996		
	工业	发电	民用	工业	发电	民用	工业	发电	民用
美国	924.62	764.43	1940.54	836.64	637.44	2027.69	1072.36	849.09	2193.69
日本	3424.58	1386.93	7851.8	4070.32	1307.25	11708.81	3511.73	1375.31	10741.03
德国	1556.25	1311.4	3290.95	1718.93	1449.18	3957.44	1673.28	1432.58	3642.87

续表

	1990			1995			1996		
	工业	发电	民用	工业	发电	民用	工业	发电	民用
法国	1288.16		3938.35	1336.3		4154.15	1343.77		3904.32
英国	1315.55		2731.53	1054.93	978.57	2729.04	763.6	945.37	2703.31
荷兰	1039.16	1101.41	2784.65	1234.21	1196.86	2995.47	1176.94	1138.76	3016.22
波兰	676.45		130.31	1076.51		1732.21	1148.72		1959.63
捷克	284.69	284.69	148.57	1307.25	1307.25	1041.65	1362.03	1362.03	1092.28
澳大利亚	1021.73		2231.04	1098.92		2638.57	1202.67		2762.24
OECD	1074.85		2687.54	1112.2		3017.88	1192.71		3061.87

	1997			1998			1999		
	工业	发电	民用	工业	发电	民用	工业	发电	民用
美国	1126.31	887.27	2218.59	997.66	770.24	2185.39	967.78	833.32	2133.1
日本	3845.39	1757.11	10688.74						
德国	1576.17	1312.23	3453.63						
法国	1268.24		3540.78				1122.99		3189.69
英国	826.68	1022.56	2807.06	85.988	883.95	2748.13	862.37	952.84	2664.3
荷兰	1102.24	1073.19	2988.00	1020.9	1010.11	2963.93	1021.73	1010.94	2965.59
波兰	1083.98		1889.91	1108.88		2047.61	1010.94		1999.47
捷克	1263.26	1263.26	1068.21	1325.51	1325.51	1470.76	1185.24	1185.24	1536.33
澳大利亚	1127.97		2760.58						
OECD	1209.31		3017.88	1007.62		2706.63			

注：①1kcal =4.1868J。
②资料来源：IEA，能源价格和税，1998年4季度，2000年1季度，OECD，巴黎；
③1美元折合8.3元人民币；
④$10^7$kcal（高热值）合1070m^3。

为了平衡天然气供应，使天然气公司获得最大的效益，各国对城市天然气的定价基本是根据边际成本的原理进行定价，对不同的用户由于其边际成本不同，因此价格也不同。表4-3为根据国际煤气联盟1998年和1999年的数据整理的一些国家不同用户的销售价格。

一些国家的天然气价格（人民币元/m^3） 表4-3

国家	不同用途的天然气价格
阿根廷	井口价格0.382
比利时	民用：年供气量小于2200m^3，为3；年供气量2200～27600m^3，为2.34； 非民用：年供气量小于11000m^3，为2.17；年供气量11000～110000m^3，为1.55； 年供气量1100000m^3以上，为0.99
加拿大	民用：0.89
克罗地亚	民用：1.49～1.73；工业：1.49～1.84；石化：0.755；发电按合同
爱沙尼亚	民用：仅设灶2.16，含采暖1.16
芬兰	民用：1.05
匈牙利	民用：1.24；非民用：供气量小于110000m^3，为0.97；年供气量110000～1100000m^3，为0.9；年供气量11000000m^3以上，为0.84
韩国	民用：炊事2.73，居民采暖2.32；商业：一般2.37，采暖2.40，制冷1.4；工业：1.57
拉脱维亚	民用：0.71
立陶宛	民用：炊事1.22，采暖1.04；非民用：供气量小于110000m^3，为0.97；110000～1100000m^3，为0.9；1100000m^3以上，为0.84
荷兰	民用：1.71；非民用：0.76
俄罗斯	非民用：国内0.042～0.092，国外0.5
斯洛文尼亚	非民用：1.18
美国	民用：2.03；非民用：0.85；商业：1.69；工业：1.04；发电：0.82
新西兰	民用：1.83；非民用：0.54
波兰	非民用：小用户1.83，大用户1.68；商业：1.45；工业：1.34

注：1MBTU（英热量单位）折合29.6m^3天然气，1GJ（吉焦）折合26.35m^3天然气，1MWh（兆瓦时）折合91m^3天然气。1美元折合8.3元人民币。

各国对城市天然气的定价基本是根据边际成本的原理进行定价，根据调峰成本和运行成本分档计算，对系统年最大利用日数大、供气量大的用户进行优惠。最大利用日数越小，调峰费用就越大，成本就越高。年用气量越小，则运行成本越高。民用户分散，单位供气量的投资大，天然气公司需对其安全负责，系统管理最为复杂，运行成本也高，因此各国对民用气的定价最高。对大型用户，单位供气量的投资也小，供气一般只负责到调压站，对用户内的系统不进行管理，用气量大，运行成本也较低（居民与工业用户的成本类似于零售与批发的关系），因此定价低。对在高峰期的用户，由于需要从地下储气库取气，购气成本要高15%～20%，因此在高峰季节定价也高。对调峰用户（均衡用气户）进行大幅优惠，例如日本、韩国对空调用户进行大幅优惠，由表4-3可知韩国夏季空调用户的天然气价格为1.4元/m^3。

根据国际煤气联盟天然气输配委员会对20个国家调查的结果，天然气输配行业的成本结构在世界各国都非常相似。整个过程包括购买、配送及销售给下游用户。表4-4为天然气输配年成本的构成。

天然气销售成本的构成　　**表4-4**

	中期比例（%）	最小/最大比例	备注
商品成本	67	42/85	从供应商处购买天然气成本，包括运输和地下储存费
配送成本	22	9/46	城市输配费用，含建设、运行和维护费
销售成本	4	1/7	营销直接成本及开支，抄表及记账成本
间接成本	7	4/15	间接组织成本及其他不直接与输配、销售有关的成本
总成本	100		

注：城市天然气的输配成本（包括配送、销售和间接成本）一般占天然气销售成本的1/3。

由于国际市场上石油天然气的价格不断上涨，各国的天然气价格也不断在上涨，表4-5所列是2000年以来美国天然气的价格变化情况。

美国天然气价格（换算为人民币：元/m^3）　　**表4-5**

年份	井口价	城市门站价	民用	商业用	工业用	发电用
2000	1.055	1.378	2.260	1.811	1.307	1.266
2001	1.509	1.829	2.855	2.623	1.882	1.743
2002	1.712	2.136	2.969	2.787	2.022	2.096
2003	1.8832	2.3496	3.2659	3.0657	2.2242	2.3056
2004	2.0544	2.5632	3.5628	3.3444	2.4264	2.5152
2005	2.4149	2.49185	2.7265	2.5536	2.22775	2.6372

4.1.6 目前国际市场的交易价格

俄罗斯作为天然气的最大出口国，其出口价格并不统一：对欧洲出口的价格最高，为180美元/km^3；对一般独联体国家为90美元/km^3，对白俄罗斯等独联体国家则为55美元/km^3。现在，俄罗斯正是要按照其中价格最高的对欧洲出口价格对我国出口，并按该价格同我们谈判。如果到岸价按180美元/km^3计算，折合人民币1.45元/m^3。

2006年10～12月，纽约商品交易所亚洲交易时段的天然气价格每百万热量单位在6～7美元之间波动，到岸价折合人民币1.6～1.9元/m^3。

4.2 国内天然气价格现状

目前我国的天然气价格还带有很重的计划经济的色彩，用会计学账面平衡确定的天然气价格，不考虑用气负荷特性对供气成本的影响，并由当地政府批准。目前天然气的价格及收费政策一般是居民用气价格最低，工业、公福用气价格高，而且还要根据用气量收取气源费。这在城市天然气供不应求的时代是可行的。但随着城市能源结构的调整，民用气在用气负荷中的比例已经越来越小，目前这种价格政策不仅加大了负荷平稳、用气量大的大用户的用气费用，使一些用气平稳的大用户难以承担，而且无形中限制了负荷平稳、供气成本低的大用户的发展。这种政策是造成民用、工业用气比例失调、工业用气量减少的原因之一。目前主要依靠城市的环保政策，规定在一定的城区范围内，必须使用天然气，天然气部门大力发展采暖等负荷不均匀性大的用户，长期下去不仅会造成供气调度的困难，降低输配系统利用率，给安全运行带来影响，而且为了调节城市用气不均衡还需扩大储气设施，加大了供气的投资和运行成本，进一步使供气价提高，使大用户不愿意使用天然气，影响供气发展速度，不能形成规模经济，不利于天然气事业的发展。

4.2.1 国内天然气价格的历史变迁

我国的天然气配置还采用行政配置和计划配置，天然气的销售价格仍在国家的控制之下。1993年为了加快企业经营机制的转换，逐步向社会主义市场经济转换，国家采取了天然气生产企业自销天然气的政策，自销天然气实行市场价格。1994年5月1日以后，对企业自销天然气井口价又规定了标准价，允许生产企业上下浮动10%。到1997年我国天然气价格除四川省以外，均实行结构气价和自销气价并存。结构气价即城市居民用气630元/km^3，商业用气870元/km^3，其他工业用气630元/km^3；自销气价为900元/km^3上下浮动10%。对四川天然气计划价格和自销气价格实行“并价”，即化肥用气520元/km^3，城市居民用气655元/km^3，商业用气925元/km^3，其他工业用气645元/km^3（为接受门站价格）。

从1984年4月1日起，企业根据国家收取天然气净化费的有关精神向用户收取天然气净化费10元/km^3。1989年净化费调整为化肥用气20元/km^3，其他用户30元/km^3。1991年10月1日起，净化费标准再次调整为小化肥气30元/km^3，大化肥气40元/km^3，其他用户50元/km^3。

1964年冶金部与石油部共同商定，将输气费定为23元/km^3。1976年至1977年，石油化学工业部规定，按输送距离确定输送费：50km以内，30元/km^3；51~100km，35元/km^3；101~200km，45元/km^3；201~300km，50元/km^3；300km以上另行确定。1979年至1997年国家对管输费作了多次微调，到1997年国家计委将管输价格调整为：50km以内，36元/km^3；51~100km，41元/km^3；101~200km，47元/km^3；201~250km，58元/km^3；251~300km，63元/km^3；301~350km，68元/km^3；351~400km，74元/km^3；401~450km，79元/km^3；451~500km，85元/km^3。但鉴于四川省的特殊情况，管输暂不按里程收费，而是按用户确定为：小化肥和其他用户38元/km^3，四川维尼纶厂和矿区直供泸州天然气化工厂部分43元/km^3，大化肥和大管网供泸州天然气化工厂部分58元/km^3。1999年实际平均为48.28元/km^3，扣除增值税后为42.72元/km^3。

2001 年国家计委制定出新天然气价格体系。目前，天然气井口价对化肥生产商、天然气家庭用户、天然气商业用户和其他用户是不同的。新价格体系同时考虑天然气井口价和净化费用，并为此制定一个统一的价格，在原来的基础上每立方米上调 0.03 元人民币，生产者可以根据实际情况对该价上下调整 5% ~10% 左右。同时，该价格体系也允许新管道的操作者根据距离和天然气输送量来确定管道运输费。管道运输费主要包括两部分：一是管道折旧费，二是管道运作费（包括维护等)。

城市民用户价格除了天然气生产企业的实际销售价格加上天然气净化费和管输费外，还需支付城市天然气的输配服务费。

2005 ~2010 年，国内天然气商品量年均增长率为 17%，而同期天然气需求量年均增长率高达 26% 左右。改革天然气价格形成机制，国家发改委决定自 2005 年 12 月 26 日起，各地适当提高一档天然气出厂基准价格。“根据各类和各地用户承受能力的不同，区别各油田情况，工业和城市天然气用气出厂价格每千立方米提高 50 ~150 元，化肥用气出厂价格每千立方米提高 50 ~100 元。”从长远看，随着竞争性市场结构的建立，天然气出厂价格最终应通过市场竞争形成。但在目前中石油、中石化垄断天然气上游勘探、开发，对天然气生产、运输、销售实行一体化经营的情况下，政府仍需对天然气出厂价格进行监管。“考虑到一些经济欠发达地区，承受能力相对较低，要求这些地区天然气实际提价幅度不超过每千立方米 50 元。”此次天然气价格上调后，按最大提价幅度每千立方米 150 元、居民每户月均用气量 $20m^3$ 测算，每户居民每月将增加支出 3 元左右；按最大提价幅度每千立方米 100 元、生产一吨尿素耗气 800 ~$900m^3$ 测算，企业气制尿素生产成本每吨将增加 80 ~90 元。我国目前天然气的出厂价按质量划分为两档，一档气平均在 770 元/km^3，二档的价格在 980 元/km^3。国家发改委 2006 年 11 月 9 日表示，相关部门已就国内天然气价上涨达成共识。2006 年底，国家发改委表示，目前国家计划将每年天然气价格逐步上浮 5% ~8%，直到大致与国际价格水平接轨为止，这样有利于引进进口天然气。

目前国家发改委天然气出厂价格形成机制改革，将现行按化肥、居民、商业和其他用气分类简化为化肥生产用气、直供工业用气和城市天然气用气。同时将天然气出厂价格归并为两档价格，归并后85%左右的气量执行一档气价格，川渝气田、长庆油田、青海油田、新疆各油田的全部天然气及大港、辽河、中原等油田计划内天然气执行一档气价格，除此以外的天然气执行二档气价格。同时，将天然气出厂价格由现行政府定价、政府指导价并存，改为统一实行政府指导价，供需双方可按国家规定的出厂基准价为基础，在规定的浮动幅度内协商确定具体结算价格。

新机制规定，天然气价格根据可替代能源价格变化情况每年调整一次，相邻年度的调整幅度最大不超过8%。在3～5年过渡期内，一档气价暂不随可替代能源价格变化调整。逐步提高价格，实现价格并轨。将目前自销气出厂基准价格每千立方米980元作为二档气出厂基准价。将归并后的现行一档气出厂价格，作为不同油田一档气出厂基准价，用3～5年时间逐步调整到二档气出厂基准价格水平，最终实现一、二档气价并轨。国产天然气井口价格见表4-6。

天然气定价表 表4-6

地区名称	使用对象	价格名称	单位	价格	浮动幅度	发文文号
一档用气价格	化肥用气	批发价格	元/km³	590	0	计办价格［2003］第88号
	居民用气	批发价格	元/km³	765	0	计办价格［2003］第88号
	商业用气	批发价格	元/km³	1005	0	计办价格［2003］第88号
	其他用气	批发价格	元/km³	725	0	计办价格［2003］第88号
二档的价格		批发价格	元/km³	980	10%	
陕京线榆林段	其他用气	输气价格	元/km³	0.2	0	计价格［1999］第2341号
陕甘宁至银川	化肥用气	输气价格	元/m³	0.17	0	计价格［1999］第798号

续表

地区名称	使用对象	价格名称	单位	价格	浮动幅度	发文文号
陕甘宁至银川	其他用气	输气价格	元/m^3	0.22	0	计价格［1999］第798号
靖曲	其他用气	输油管线运输价格（含税）	元/t·km	0.2	0	计价格［1998］第1936号
陕京管线输气	输气	输气价格	元/m^3	0.68	0	计价管［1997］第2111号

4.2.2 天然气价格现状

目前，我国城市的天然气价格在不断的提高，进入21世纪以来，大多数城市管输天然气的价格在1.8～3元/m^3之间波动。下面以北京市天然气价格为例加以说明。从陕北销往北京地区的天然气门站购入价格在2000年7月由0.99元/m^3调整为1.1元/m^3，2002年又调整为1.13元/m^3。北京市的民用天然气价格由1.4元/m^3调整为1.7元/m^3；工业与采暖1.8元/m^3；商业2.2元/m^3。2003年初北京市物价局经价格听证会听证，并报市政府批准，决定自2003年4月1日起对北京市天然气价格进一步调整，民用天然气每立方米由1.7元调为1.90元。公共服务用户用天然气每立方米由2.20元调为2.40元。制冷用户用天然气每立方米由1.80元调为1.70元。热电联产用户用天然气每立方米1.40元（指从事在高压取气的集中发电、供热、制冷三联产的大型用户）。工业生产、天然气锅炉等采暖用户用天然气价格不作调整，仍为每立方米1.80元。车用天然气价格不作调整，仍为每立方米1.45元。市天然气集团公司可按文件规定价格为基础，根据市场供求情况适当向下浮动。

通过对国内外天然气价格进行对比发现：天然气的价格随需求量的增加，不断在上升。因此，我们应该参考国外成熟的天然气定价理论，对各类用户制定合理的价格，维护经营者和用户的合法权益，促进天然气事业的健康发展。

4.3 天然气输送与地下储气成本

天然气中游（长输管线系统和地下储气系统）按系统功能可分为以下几部分进行成本计算：输送成本、加压成本和储气成本。

4.3.1 天然气管输与储气成本分析

（1）输送成本：天然气资源一般远离城市市场，而且各类用气城市和用户遍布各地，距离气田几百乃至几千千米，仅靠气田的集输装置是不可能实现销售目的的，因此需要建造长距离、大口径的天然气管道，这形成管输成本。影响输送成本的因素有输送距离与输送量。长距离输送，能耗很大，气压下降，输送迟缓。为了保持天然气的正常运输和特殊用户对气压的要求，建立大型管道增压输送装置和维持装置运转的劳动耗费，形成天然气的输送增压成本。

国际上天然气的陆上管道输送成本折合成人民币约为0.11～0.16元/（m^3·1000km）之间，经测算我国的天然气管输成本可控制在0.15～0.35元/（m^3·1000km）之间。目前国内的输送价格一般在0.22～0.8元/（m^3·1000km）之间，远远高于其成本。主要原因首先是天然气管输利润太高，国外一般在7%左右，我国按12%计算，实际超过12%；其次是管输系统的技术落后，运行压力低，压比过高，折旧年限短，维修管理费用高。

（2）储气成本：天然气的供应量不可能完全按用户用气量的变化而随时改变。为了保证可靠地向用户连续供应天然气，必须考虑天然气的供需平衡。影响储气成本的因素有季节用气不均匀性和地下储气库的运行成本。季节不均匀性的解决方法是改变天然气长距离输送系统的输气量。由于气井采气速度、井场净化能力和系统输送能力的限制，通常冬夏输送量之差在15%～20%，若输送量差过大就会增大系统的投资，大幅提高天然气的输送成本。大部分的季节供需差一般由地下储气库解决。目前地下储气库储气量大，储气成本低，是国际上常用的季节性调峰方式。但地下储气库也会增加投资，增加加压动力消耗，并有无法采出的垫层气损失，如果地下储气库对储存天然气有污染（如杂质、水等），还需再次净化，这又形成地下储气成本。

4.3.2 天然气地下储气成本的构成

天然气供应过程中，存在严重的季节不均匀性，而地下储气是解决季节不均匀性的主要措施。到1998年末，全世界投入运行的地下储气库共有596个，总储存能力为5755亿m^3，工作气的容量（有效储气容量）为3078亿m^3，相当于当年世界天然气消费量的13%。在世界天然气储气设施中，地下储气库的容量占90%以上。一个地下储气库可储存几亿至几十亿乃至上百亿立方米天然气。

（1）投资费用：建造一座地下储气库需要投入的资金包括勘探费、钻井费、地下地上设备费、管网连接费和垫层气费等。根据储气容积不同和储气库的方式不同，地下储气库的投资费用一般在8300万~8.3亿元人民币之间。如美国几种类型储气库的投资费用为：衰竭油气田储气库的单位投资最低，平均为141美元/km^3；含水层储气库平均单位投资为247~400美元/km^3，其中勘探15%，钻井30%，垫层气30%，其他设备和连接管道25%；盐穴储气库的单位投资最高，平均为353~671美元/km^3。

（2）运行费用：表4-7为平均的地下储气库运行费用的构成及所占的比例。

平均地下储气库运行费用　　表4-7

费用项目	所占比例（%）
气井折旧费	9.0
垫层气	19.6
压缩机操作费用	37.2
储气库装备费	23.0

续表

费用项目	所占比例（%）
人工工资及附加费	3.0
其他费用	8.2
合计	100

从表4-7中可以看出，在运行费中人工费仅占3%，而物质资源与技术资源费用占70%以上，垫层气费用约占20%。因此，节约使用物质资源和技术资源，即节约物化劳动，是降低储气成本的关键。用惰性气体替代天然气作垫层气，既能保持储层压力和保证气井产量，又是降低地下储气库运行费用的主要途径。美国20年间几种类型储气库的运行费用为：衰竭油气田储气库和含水层储气库为10.6～17.6美元/km^3，折合人民币为0.088～0.146元/m^3，占门站供气成本的10%～20%；盐穴储气库为10.6～88.3美元/km^3，折合人民币为0.088～0.73元/m^3，占门站供气成本的10%～40%。

4.4　天然气门站成本

天然气管输的运行模式是在天然气达到设计管输量时，管道基本是均匀供气，夏季因温度升高，使输气能力比冬季略有下降。由于城市用气存在季节不均匀性，在春夏秋等淡季利用城市附近的地下储气库把多余的天然气储存起来，在冬季当供气不足的时候，再把地下储气库的气取出，向城市供气。因此，城市门站的购气成本是变化的，冬季的供气成本要高于淡季，其变化幅度取决于供气量中的储气所占比例，可按加权法计算各月成本。

4.5　天然气城市输配成本

天然气下游城市天然气输配系统的功能是门站接收长输管线来气，进行除水、除尘、调压、计量、储存和供气，通过各级管网及调压输送至各类用户。城市天然气还负担系统的维护和各类用户的抄表收费。天然气下游的会计学计算总成本包括四个方面：固定资产折旧费、营运费、各种税收和利润。影响因素有用户类型、供气规模、供气产销差、用气不均匀性（最大负荷小时利用率——各类用户的年用气量除以年最大用气小时数的商为最大负荷小时利用数，最大负荷小时利用数与全年小时数比值的百分数成为最大负荷小时利用率）等。

一般天然气输配公司的生产运行成本由天然气购入成本和输配运行成本组成。天然气输配成本的费用包括以下内容：（1）购气费；（2）外购原料和动力；（3）工资和附加工资费；（4）固定资产折旧费；（5）其他费用，包括办公费、差旅费、利息支出、行政开支、生产经营管理费等；（6）税金。计算分析结果见表4-8。

天然气城市输配成本　　表4-8

用户类型	投资估算（元/m³）	负荷最大利用率（%）	城市输配成本（元/m³）	备注
居民	9500~10000	27.2	0.76~0.80	
公建	8500~9000	27.2	0.60~0.66	
工业：一班	8000	26.6	0.54	含纯天然气发电
二班	7000~8000	53.2	0.37~0.42	
三班	6000~7000	79.7	0.23~0.29	
采暖	6000~7000	27.1	0.39~0.46	
纯空调	5000	7.4	约0.27	夏季
热电冷	6000~7000	32	0.36~0.42	接中压
热电冷	约5000~5500	32	0.24~0.31	接高压
大工业与发电	约4500	60以上	0.18~0.20	接长输管线
加权平均			0.3~0.50	

4.6 天然气总成本

通过对天然气成本组成的三个部分（井口成本、输送与地下储气成本和城市输配成本）的构成和影响因素进行的分析，并考虑井口天然气的价格，通过对三部分成本的计算，可得到天然气的实际成本。当供气能力达到设计能力时，2010～2020年的天然气实际成本构成见表4-9。

2010～2020年的天然气实际成本构成（元/m^3）　　表4-9

<table>
<tr><th>天然气井口成本</th><th>输送距离(km)</th><th>输送成本</th><th>门站成本</th><th>地下储气成本</th><th>城市输配成本</th><th>总成本合计</th></tr>
<tr><td rowspan="5">1.5～1.7</td><td>1000以内</td><td>0.20～0.4</td><td>1.7～2.2</td><td>0.30～0.5</td><td rowspan="5">0.4～0.70</td><td>2～3.5</td></tr>
<tr><td>1000～2000</td><td>0.30～0.6</td><td>1.9～2.4</td><td rowspan="4">按衰竭油气田储气库和含水层储气库考虑</td><td>2.2～3.7</td></tr>
<tr><td>2000～3000</td><td>0.40～0.8</td><td>2.1～2.6</td><td>2.4～4.0</td></tr>
<tr><td>3000～4000</td><td>0.60～0.9</td><td>2.3～2.8</td><td>2.7～4.3</td></tr>
<tr><td>4000～5000</td><td>0.80～1.0</td><td>2.4～3.0</td><td>2.8～4.5</td></tr>
</table>

我国天然气价格随需求量的增加，井口价会逐渐提高。由目前的门站价1.58～1.86元/m^3，到2010年升到2～2.3元/m^3。到2012～2015年之间将开始采用部分进口天然气，升到2.3～2.5元/m^3。到2020年天然气的门站价格应该在2.4～3元/m^3。

由于我国是一个天然气资源相对贫乏的国家，气源远离用户，未来天然气对外依存度大，并且处于自然垄断状态，在天然气发展过程中天然气价格会随原油价格的不断升高而升高。目前工业在供气量中占很小的比例，使得天然气季节负荷差非常大，远远高于发达国家，造成管网投资巨大，而供气不能形成合理的用户结构，使供气成本大幅上升，进一步提高了供气价格，影响供气的正常发展。

因此，我们应以长期边际成本为基础，按实际供气成本定价，对不同的用户采用不同的价格，改变目前天然气价格扭曲问题，降低大工业等大型稳定用户用气价格，迅速提高天然气供气量，形成规模经济。

第 5 章　燃气燃烧应用与排放因子

天然气作为燃料，一般是通过燃烧反应实现化学能转化为热能，为了分析天然气的利用效率，本章介绍有关燃气燃烧理论。燃烧是可燃物质与氧在一定条件下的化学反应，燃气燃烧一般由着火或点火与火焰传播两个阶段实现。燃烧特性相同的燃气可在同一燃具上稳定地燃烧而实现燃气互换。在燃烧过程中重要的技术参数有燃气热值、燃烧空气需要量与烟气量，以及过剩空气系数等。

5.1　燃烧反应

燃烧反应是燃气中可燃成分在一定条件下和氧发生剧烈氧化而放出热和光。此一定条件是可燃成分和氧按一定比例呈分子状态混合，参与反应的分子在碰撞时必须具有破坏旧分子和生成新分子所需的能量，以及完成反应所需时间。表 5-1 列出各种单一可燃气体燃烧反应式与产生热量，其中热量分别以热效应与热值表示，其高、低之分是前者包括完全燃烧后烟气冷却至原始温度时水蒸气以凝结水状态所放出的热量。

可燃气体燃烧反应　　表5-1

气体	燃烧反应式	热效应（kJ/kmol）		热值（kJ/Nm^3）	
		高	低	高	低
H_2	$H_2+0.5O_2=H_2O$	286013	242064	12753	10794
CO	$CO+0.5O_2=CO_2$	283208	283208	12644	12644
CH_4	$CH_4+2O_2=CO_2+2H_2O$	890943	802932	39842	35906
C_2H_2	$C_2H_2+2.5O_2=2CO_2+H_2O$	—	—	58502	56488
C_2H_4	$C_2H_4+3O_2=2CO_2+2H_2O$	1411931	13213545	63438	59482
C_2H_6	$C_2H_6+3.5O_2=2CO_2+3H_2O$	1560898	1428792	70351	64397
C_3H_6	$C_3H_6+4.5O_2=3CO_2+3H_2O$	2059830	1927808	93671	87667
C_3H_8	$C_3H_8+5O_2=3CO_2+4H_2O$	2221487	2045424	101270	93244
C_4H_8	$C_4H_8+6O_2=4CO_2+4H_2O$	2719134	2543004	125847	117695
$n-C_4H_{10}$	$C_4H_{10}+6.5O_2=4CO_2+5H_2O$	2879057	2658894	133885	123649
$i-C_4H_{10}$	$C_4H_{10}+6.5O_2=4CO_2+5H_2O$	2873535	2653439	113048	122857
C_5H_{10}	$C_5H_{10}+7.5O_2=5CO_2+5H_2O$	3378099	3157969	159211	148837
C_5H_{12}	$C_5H_{12}+8O_2=5CO_2+6H_2O$	3538453	3274308	169377	156733
C_6H_6	$C_6H_6+7.5O_2=6CO_2+3H_2O$	3303750	3171614	162259	155770
H_2S	$H_2S+1.5O_2=SO_2+H_2O$	562572	518644	25364	23383

表5-1所列的燃烧化学反应式只说明燃烧反应的最终结果，实际上燃烧是一个极其复杂的过程，链反应理论可以较清晰地剖析燃烧反应。链理论认为可燃气体与氧的混合气体中存在不稳定分子，其在分子碰撞中成为化学活性强的活化中心，化学反应由活化中心实现，即一个反应链产生新的活化中心而进入下一个反应链，使反应得以继续，如新的活化中心消失，则反应中止。活化分子消失是由于其在容器壁、稳定分子或杂质上碰撞，由原子或OH基成为分子。链反应仅获得一个活化中心，称为直链反应，获得多个活化中心称为支链反应，燃烧反应为支链反应。

在氧化反应过程中如发生热量等于散失热量或活化中心产生数量等于消失数量，为稳定氧化反应，而发生热量大于散失热量或活化中心产生数量大于消失数量，为不稳定氧化反应。

5.2 着火

由稳定氧化反应转变为不稳定氧化反应而引起燃烧的瞬间称为着火。由于热量积聚、温度上升的着火称为热力着火，一般燃气等工程上着火属热力着火。由于活化中心浓度增加而使反应加速的着火称为支链着火，磷在空气中闪光，以及液态燃料在低压与温度200～280℃时产生的微弱火光（冷焰）等属支链着火。着火可能的最低温度称为着火温度，其一般由实验确定，且随方法不同而有较大差异。表5-2为可燃气体在大气压与理论空气量下的着火温度。

可燃气体着火温度　　表5-2

燃气	CH_4	C_2H_6	C_3H_8	C_4H_{10}	C_2H_4	H_2	CO
着火温度（℃）	700	550	540	530	540	550	570

热力着火温度可由下式估算。

$$T = T_0 + \frac{R_0}{E} T_0^{\ 2} \tag{5-1}$$

式中 T——热力着火温度（K）；

T_0——周围介质温度（K）；

R_0——通用气体常数［J/（kmol·K），$R_0 = RM$］；

R——气体常数［J/（kg·K）］；

M——气体千克分子量（kg/kmol）；

E——气体活化能（J/kmol），一般$E = (12.5 \sim 25) \times 10^7$J/kmol。

着火温度受燃气空气混合物压力、可燃气体比例与散热条件的影响。由于压力升高使反应物浓度增加，反应速度加快而降低着火温度。甲烷与氢的着火温度随其在混合物中比例增加而增加，其余碳氢化合物则降低。一氧化碳在含量20%左右出现最低着火温度。当散热加强时，着火温度则升高。因此可采取提高压力、采取适宜的燃气含量与减少散热的方法降低着火温度。燃气含量对着火温度的影响如图 5-1。

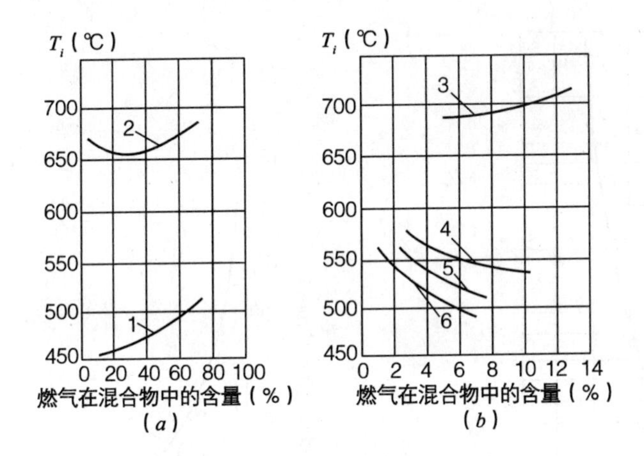

图 5-1　燃气组分含量与着火温度关系

(*a*) 1—氢；2—氧化碳；(*b*) 3—甲烷；4—乙烷；5—丙烷；6—丁烷

5.3　点火

点火不同于着火，着火是达到着火条件下在整个可燃气体空气混合物中同时进行燃烧反应，而点火是微小热源即点火源进入可燃气体空气混合物中使周围贴近的混合物因加热和燃烧后向其余部分传热而使混合物逐步燃烧。

通常采用电火花点火，由电火花产生的能量使可燃气体空气混合物局部着火。影响电火花点火，除燃气种类外的两个因素是所需点火能与熄火电极间距，它们的数值当燃气空气混合物温度与压力一定时都随混合物中燃气比例的不同而不同（图 5-2、图 5-3）。同时所需点火能又与电极间距、电极法兰直径有关，它们的关系如图 5-4。

最小点火能是所需点火能的最小值。当电极间隙过小时，在电极间形成的初始火焰中心对电极的散热过大而不能向周围燃气空气混合物进行火焰传播、导致熄火，此时电极间距为熄火间距或熄火距离，熄火间距也存在一个最小熄火间距。

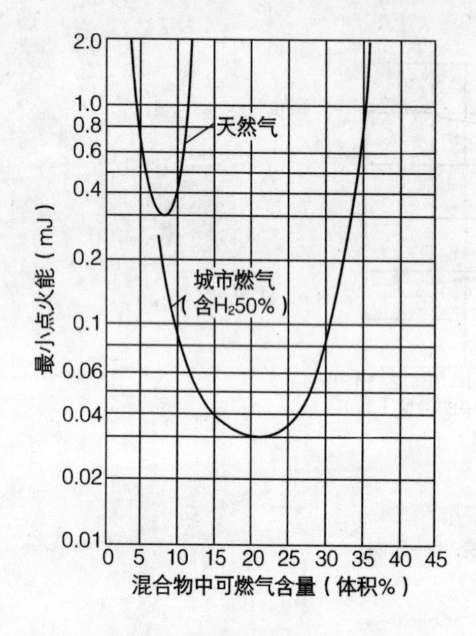

图 5-2 燃气所需点火能与燃气含量关系曲线

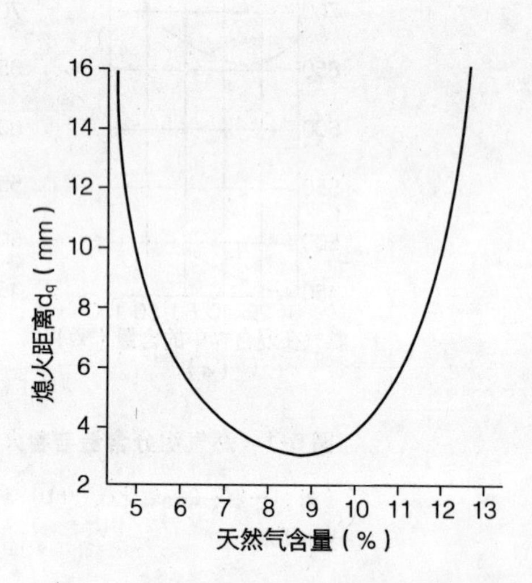

图 5-3 燃气电极熄火间距与燃气含量关系曲线

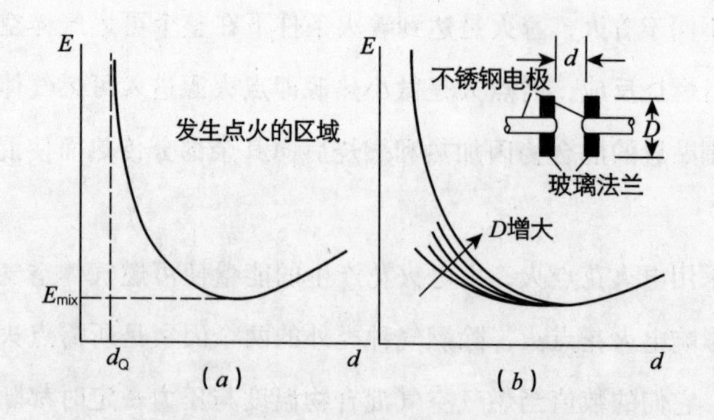

图 5-4 所需点火能与电极间距、电极法兰直径关系曲线

（a）E、E_{mix}—所需点火能与最小点火能；d、d_Q—电极间距、熄火间距；（b）E—所需点火能；D、d—法兰直径与电极间距

各种燃气在燃烧化学计量成分下点火能、最小点火能，以及化学计量成分下的熄火间距与最小熄火间距见表5-3。

可燃气体点火能与熄火间距　　表5-3

燃气	点火能（$J\times10^{-5}$）		熄火间距（cm）	
	化学计量	最小值	化学计量	最小值
H_2	2.0	1.8	0.06	0.06
CH_4	33	29	0.25	0.20
C_2H_2	3	—	0.07	—
C_2H_4	9.6	—	0.12	—
C_2H_6	42	24	0.23	0.18
C_3H_6	28	—	0.20	—
C_3H_8	30	—	0.18	0.17
$n-C_4H_{10}$	76	26	0.30	0.18
C_5H_{12}	82	22	0.33	0.18

由上述图表可见：

（1）燃气所需点火能高于含H_2的城市燃气，且点火的可燃气体含量范围窄，因此较难点火。随着碳氢化合物中碳原子数增加，所需点火能有增加趋势。

（2）各类燃气的最小点火能与点火电极最小熄火间距均出现在化学计量混合比附近。最小点火能对应的熄火间距明显大于最小熄火间距，且电极法兰直径增大对最小点火能无明显影响。

此外，实验证实熄火间距d与压力p的乘积为常数、即$p\cdot d=$常数，同时，最小点火能E_{min}与熄火间距平方值d^2的商为常数、即$\frac{E_{min}}{d^2}=$常数。因此$E_{min}\propto\frac{1}{p^2}$，上述关系式说明压力提高可降低最小点火能力与熄火间距。

5.4　火焰传播

燃气用具一般采用点火方式点燃部分燃气空气混合物，形成薄层焰面，

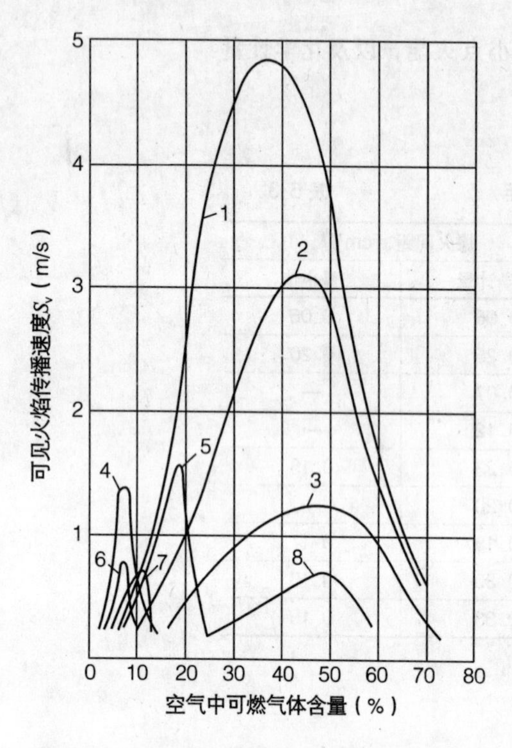

图 5-5 可见火焰传播速度与燃气空气混合物成分的关系

1—氢；2—水煤气；3—一氧化碳；4—乙烯；5—炼焦煤气；6—乙烷；7—甲烷；8—高压富氧化煤气

此焰面加热相邻混合物，层层传递而形成火焰传播。当火焰传播仅是传热作用引起时，称为正常火焰传播，其又分为层流正常火焰传播与紊流正常火焰传播，即其取决于气流的流动状态，火焰传播速度又称燃烧速度。理论上认为无散热时，如燃气空气混合物在直径相当大的管中燃烧而可忽略管壁散热，此时焰面垂直管壁、沿管轴向的火焰传播速度趋近最大值，称为法向火焰传播速度。实际上由于管壁散热等因素使焰面成为曲面，此时火焰传播方向应该是该曲面上各点的法向，但焰面移动仍沿管轴向，此轴向的火焰移动速度称为可见火焰传播速度。显然可见火焰传播速度不等于法向火焰传播速度，且前者大于后者，随着管径增大使焰面弯曲度增大，其差值也越大。

火焰传播速度的测定随方法不同而有较大差别，图 5-5 是用管子法测得的可见火焰传播速度与燃气空气混合物关系图，其最大值见表 5-4。

可燃气体最大可见火焰传播速度　　表 5-4

燃气	燃容积成分（%）	最大值（m/s）	燃气	燃容积成分（%）	最大值（m/s）
H_2	38.5	4.85	C_2H_2	7.1	1.42
CO	45	1.25	焦炉煤气	17	1.70
CH_4	9.8	0.67	页岩气	18.5	1.30
C_2H_6	6.5	0.85	发生炉煤气	48	0.73
C_3H_8	4.6	0.82	水煤气	43	3.1
C_4H_{10}	3.6	0.82			

除可燃气体混合物中可燃成分含量外，温度与压力对火焰传播速度也有较大影响，随着混合物初温升高，化学反应加剧、火焰传播速度加大。

燃气空气混合物初温的影响可由式（5-2）表示。

$$S_{nT_0} = A + BT_0^m \tag{5-2}$$

式中 S_{nT_0}——初温下的法向火焰传播速度（cm/s）；

T_0——可燃混合物初温（K）；

A、B——系数，由实验确定，甲烷（空气系数为1时）：$A=10$、$B=0.000371$；丙烷（空气系数为1时）：$A=10$、$B=0.000342$；

m——系数，$m=1.5\sim2.0$，对于甲烷与丙烷可取2。

压力对火焰传播速度的影响取决于式（5-2）中的系数 n 的正负，对火焰传播速度较低或火焰温度较低的燃气、如碳氢化合物，n 为负值，即随压力升高、速度降低，对火焰传播速度较高或火焰温度较高的燃气，n 为正值，即随压力升高、速度加大。

$$\frac{S_{n1}}{S_{n2}} = \left(\frac{P_1}{P_2}\right)^{n} \tag{5-3}$$

式中 P_1、P_2——压力（绝对压力 MPa）；

S_{n1}、S_{n2}——压力 P_1、P_2 下的法向火焰传播速度（cm/s）。

对于含有多种成分的燃气，可用经验公式计算其最大法向火焰传播速度，式（5-4）适用于容积成分 $CO<0.2$ 与 $N_2+CO_2<0.5$（N_2 按下列公式计算）场合。

$$S_n^{max} = \frac{\sum S_{ni}\alpha_i V_{oi}\gamma_i}{\sum \alpha_i V_{oi}\gamma_i}[1 - f(N_2 + N_2^2 + 2.5CO_2)] \tag{5-4}$$

$$N_2 = \frac{N_{2g} - 3.76O_{2g}}{1 - 4.76O_{2g}}$$

$$CO_2 = \frac{CO_{2g}}{1 - 4.76O_{2g}}$$

$$f = \frac{\sum \gamma_i}{\sum \frac{\gamma_i}{f_i}}$$

式中 S_n^{max}——最大法向火焰传播速度（Nm/s）；

S_{ni}——各单一可燃组分的最大法向火焰传播速度（Nm/s），见表5-5；

α_i——各单一可燃组分相应于最大法向火焰传播速度的一次空气系数，α_i = 一次空气量/理论空气需要量，见表5-5；

V_{oi}——各单一可燃组分的理论空气需要量［Nm^3/（Nm^3）］，见表5-5；

γ_i——燃气容积为1时，各单一可燃组分的容积成分；

N_{2g}——燃气容积为1时，N_2 的容积成分；

O_{2g}——燃气容积为1时，O_2 的容积成分；

CO_{2g}——燃气容积为1时，CO_{2g}的容积成分；

f_i——各单一可燃组分受惰性组分的影响系数，见表5-5。

可燃气体燃烧参数 **表5-5**

可燃组分	H_2	CO	CH_4	C_2H_4	C_2H_6	C_3H_6	C_3H_8	C_4H_8	C_4H_{10}
S_{ni}	2.80	0.56	0.38	0.67	0.43	0.50	0.42	0.46	0.38
α_i	0.50	0.40	1.10	0.85	1.15	1.10	1.125	1.13	1.15
V_{oi}	2.38	2.38	9.52	14.28	16.66	21.42	23.80	28.56	30.94
f_i	0.75	1.00	0.50	0.25	0.22	0.22	0.22	0.20	0.18

当燃气空气混合物在管中燃烧时，管径越小、管壁散热比例越大，当管径小至某数值使火焰传播不能进行时，该管径为该燃气的临界直径。临界直径 d_0 与电极点火最小间距 d_C 存在下列关系：$d_C = 0.65d_0$。利用孔径小于临界直径的金属网可阻止火焰传播、防止回火。燃气空气混合物在化学计量比时的临界直径见表5-6。

燃气空气混合物临界直径 **表5-6**

燃气	H_2	CH_4	炼焦煤气
临界直径（mm）	0.9	3.5	2.0

5.5 燃气的热值

燃气一般为多组分的混合气体，其热值按式（5-5）计算。

$$H = H_1\gamma_1 + H_2\gamma_2 + \Lambda H_n\gamma_n \tag{5-5}$$

式中 H——燃气高热值或低热值（kJ/Nm^3）；

H_1、$H_2 \cdots H_n$——各可燃组分的高热值或低热值（kJ/Nm^3）；

γ_1、$\gamma_2 \cdots \gamma_n$——燃气容积为1时各可燃组分的容积成分。

干、湿燃气各自高、低热值之间的换算分别见式（5-6）与式（5-7），高、低热值各自干、湿燃气之间的换算分别见式（5-8）与式（5-9）。

$$H_h^{dr} = H_L^{dr} + 468\left(H_2^{dr} + \sum \frac{n}{2}C_mH_n^{dr} + H_2S^{dr}\right) \tag{5-6}$$

$$H_h^{w} = H_L^{w} + \left[468\left(H_2^{w} + \sum \frac{n}{2}C_mH_n^{w} + H_2S^{w}\right) + 562d_g\right]\frac{0.833}{0.833 + d_g} \tag{5-7}$$

$$H_h^{w} = (H_h^{dr} + 562d_g)\frac{0.833}{0.833 + d_g} \tag{5-8}$$

$$H_L^{w} = H_L^{dr}\frac{0.833}{0.833 + d_g} \tag{5-9}$$

式中 H_h^{dr}、H_h^{w}——分别为干、湿燃气的高热值（kJ/Nm^3）；

H_L^{dr}、H_L^{w}——分别为干、湿燃气的低热值（kJ/Nm^3）；

H_2^{dr}、$C_mH_n^{dr}$、H_2S^{dr}——干燃气容积为1时，H_2、C_mH_n、H_2S的容积成分；

H_2^{w}、$C_mH_n^{w}$、H_2S^{w}——湿燃气容积为1时，H_2、C_mH_n、H_2S的容积成分；

d_g——燃气含湿量（kg/Nm^3 干燃气）。

5.6 燃烧空气需要量

燃烧空气需要量分为理论空气需要量与实际空气需要量，理论空气需要量是按燃烧化学反应计量方程式实现完全燃烧所需空气量，即完全燃烧所需最小空气量，此时过剩空气系数 $\alpha=1$（$\alpha=$实际空气量/理论空气需要量）；由于燃气与空气混合不均匀而需供给过剩空气量以达到完全燃烧，实际空气需要量大于理论空气需要量；此时过剩空气系数 $\alpha>1$。

各可燃气体的理论空气需要量与理论耗氧量见表5-7。

可燃气体理论空气需要量与耗氧量　　表5-7

燃气	H_2	CO	CH_4	C_2H_2	C_2H_4	C_2H_6	C_3H_6	C_3H_8	C_4H_8	n-C_4H_{10}	i-C_4H_{10}	C_5H_{10}	C_5H_{12}	C_6H_6	H_2S
理论空气需要量(Nm^3/Nm^3干燃气)	2.38	2.38	9.52	11.90	14.28	16.66	21.42	23.80	28.56	30.94	30.94	35.70	38.08	35.70	7.14
耗氧量(Nm^3/Nm^3干燃气)	0.5	0.5	2.0	2.5	3.0	3.5	4.5	5.0	6.0	6.5	6.5	7.5	8.0	7.5	1.5

燃气理论空气需要量与实际空气需要量的计算公式分别见式（5-10）与式（5-11）。

$$V_0=\frac{1}{0.21}\left[0.5H_2+0.5CO+\sum\left(m+\frac{n}{4}\right)C_mH_n+1.5H_2S-O_2\right] \quad (5\text{-}10)$$

式中　V_0——燃气理论空气需要量（Nm^3 干空气/Nm^3 干燃气）；

H_2、CO、C_mH_n、H_2S、O_2——燃气容积为1时，H_2、CO、C_mH_n、H_2S、O_2 的容积成分。

$$V=\alpha V_0 \quad (5\text{-}11)$$

式中　V——燃气实际空气需要量（Nm^3 干空气/Nm^3 干燃气）；

α——过剩空气系数，工业设备：$\alpha=1.05\sim1.20$，民用燃具：$\alpha=1.3\sim1.8$。

当已知燃气热值时，可作理论空气需要量的近似计算，其有如下的计算公式。

当燃气低热值不大于10500kJ/Nm^3 时：

$$V_0 = \frac{0.209}{1000}H_L \tag{5-12}$$

式中　H_L——燃气低热值（kJ/Nm³）。

当燃气低热值大于 10500kJ/Nm³ 时：

$$V_0 = \frac{0.26}{1000}H_L - 0.25 \tag{5-13}$$

对燃气、石油伴生气、液化石油气等烷烃类燃气：

$$V_0 = \frac{0.268}{1000}H_L \tag{5-14}$$

$$V_0 = \frac{0.24}{1000}H_h \tag{5-15}$$

式中　H_h——燃气高热值（kJ/Nm³）。

5.7　完全燃烧烟气量

当燃气完全燃烧发生在理论空气需要量（$\alpha = 1$）时产生的烟气量称为理论烟气量，此时烟气成分为 CO_2、SO_2、N_2 和 H_2O，其中 CO_2 和 SO_2 合称烟气中的三原子气体，通常采用 RO_2 表示。当燃气完全燃烧发生在过剩空气量（$\alpha > 1$）时产生的烟气量称为实际烟气量。烟气中含有 H_2O 时为湿烟气，不含 H_2O 时为干烟气。

本节理论烟气量与实际烟气量按含有 1Nm³ 干燃气的湿燃气完全燃烧产生的烟气量计算，即计算基准为 1Nm³ 干燃气加上其所含的水蒸气，这部分水蒸气将进入烟气，影响烟气量，因此必须加以明确，同时水蒸气量变化不影响干燃气成分，便于统计与计算。对于前述热值与空气需要量计算，当计算基准为 1Nm³ 干燃气时，是否包括其所含水蒸气并不影响计算结果，所以未加以严格区分。

5.7.1　理论烟气量

根据理论烟气的成分，理论烟气量由三部分组成。

$$V_f^0 = V_{RO_2} + V_{H_2O}^0 + V_{N_2}^0 \tag{5-16}$$

$$V_{RO_2} = V_{CO_2} + V_{SO_2} = CO_2 + CO + \sum mC_mH_n + H_2S \tag{5-17}$$

$$V_{H_2O}^0 = H_2 + H_2S + \sum \frac{n}{2}C_mH_n + 1.2(d_g + V_0 d_a) \tag{5-18}$$

$$V_{N_2}^0 = 0.79V_0 + N_2 \tag{5-19}$$

式中 V_f^0——理论烟气量（Nm^3/Nm^3 干燃气）；

V_{RO_2}——烟气中三原子气体体积（Nm^3/Nm^3 干燃气）；

V_{CO_2}、V_{SO_2}——分别为烟气中 CO_2 与 SO_2 体积（Nm^3/Nm^3 干燃气）；

CO_2——燃气容积为 1 时，CO_2 的容积成分；

$V_{H_2O}^0$——理论烟气中水蒸气体积（Nm^3/Nm^3 干燃气）；

d_a——空气含湿量（kg/Nm^3 干空气）；

d_g——燃气含湿量（kg/Nm^3 干燃气）；

$V_{N_2}^0$——理论烟气中 N_2 体积（Nm^3/Nm^3 干燃气）；

N_2——燃气容积为 1 时，N_2 的容积成分。

理论烟气量可按燃气热值作近似计算求得。

对于烷烃类燃气：

$$V_f^0 = \frac{0.239H_L}{1000} + a \tag{5-20}$$

式中 a——系数，天然气：$a = 2$，石油伴生气：$a = 2.2$，液化石油气：$a = 4.5$。

对于炼焦煤气：

$$V_f^0 = \frac{0.272H_L}{1000} + 0.25 \tag{5-21}$$

对于低热值小于 12600kJ/Nm³ 的燃气：

$$V_f^0 = 0.173\frac{H_L}{1000} + 1.0 \tag{5-22}$$

5.7.2 实际烟气量

与理论烟气量相比较，由于实际烟气量产生于过剩空气系数 $\alpha > 1$ 的状态下，即空气量大于理论空气需要量，过剩空气含湿量形成的实际烟气中水蒸气量由式（5-23）计算。

$$V_{H_2O} = H_2 + H_2S + \sum \frac{n}{2}C_mH_n + 1.2(d_g + \alpha V_0 d_a) \qquad (5\text{-}23)$$

式中　V_{H_2O}——实际烟气中水蒸气体积（Nm^3/Nm^3 干燃气）。

同时由于空气量的增加也导致烟气中氮气量增加，并出现过剩氧，其分别由式（5-24）与式（5-25）计算。

$$V_{N_2} = 0.79\alpha V_o + N_2 \qquad (5\text{-}24)$$

式中　V_{N_2}——实际烟气中 N_2 体积（Nm^3/Nm^3 干燃气）。

$$V_{O_2} = 0.21\ (\alpha - 1)\ V_0 \qquad (5\text{-}25)$$

式中　V_{O_2}——实际烟气中过剩 O_2 体积（Nm^3/Nm^3 干燃气）。

烟气中三原子气体体积 V_{RO_2} 同理论烟气量，由式（5-17）计算。

实际烟气量由式（5-26）计算。

$$V_f = V_{RO_2} + V_{H_2O} + V_{N_2} \qquad (5\text{-}26)$$

式中　V_f——实际烟气量（Nm^3/Nm^3 干燃气）。

实际烟气量也可由理论烟气量换算求得。

$$V_f = V_f^o + \ (\alpha - 1)\ V_0 \qquad (5\text{-}27)$$

5.7.3　烟气密度

标准状态下烟气密度按式（5-28）计算。

$$\rho_f^o = \frac{\rho_g^{dr} + 1.293\alpha V_0 + d_g + \alpha V_0 d_a}{V_f} \qquad (5\text{-}28)$$

式中　ρ_f^o——烟气密度（kg/Nm^3）；

ρ_g^{dr}—干燃气密度（kg/Nm^3 干燃气）。

5.8　不完全燃烧参数

5.8.1　烟气中 CO 含量

不完全燃烧的特征是燃气中可燃成分或其不完全燃烧产物存在烟气中，

因此与完全燃烧相比，其烟气中除完全燃烧产物 RO_2、N_2、O_2 与 H_2O 外，还存在 CO、CH_4 与 H_2。由于 CO 在不完全燃烧烟气中的含量大大超过 CH_4 与 H_2 含量，因此工程检测或计算中近似地仅将 CO 作为燃气不完全燃烧产物，并以此判断燃烧完全与否。

烟气中 CO 含量除仪器检测外，也可由计算求得。

$$CO' = \frac{0.21O_2' - RO_2'(1+\beta)}{0.605+\beta} \tag{5-29}$$

$$\beta = \frac{0.395(H_2+CO)+0.79\sum\left(m+\frac{n}{4}\right)C_mH_n+1.18H_2S-0.79O_2+0.21N_2}{CO+\sum mC_mH_n+CO_2+H_2S} - 0.79 \tag{5-30}$$

式中　CO'——干烟气容积为 1 时，CO 的容积成分；

O_2'、RO_2'——干烟气容积为 1 时，O_2 与 RO_2 的容积成分，由仪器测得；

β——燃气特性系数，燃气 $\beta = 0.75 \sim 0.80$。

当完全燃烧时，$CO'=0$，即 $0.21-O_2'-RO_2'(1+\beta)=0$，而不完全燃烧时，$0.21-O_2'-RO_2'(1+\beta)>0$，由此也可判断燃烧完全与否。

5.8.2 过剩空气系数

不完全燃烧时的过剩空气系数，通过燃气成分与检测烟气成分可由（5-31）计算。

$$\alpha = \frac{0.21}{0.21-0.79\dfrac{O_2'-0.5CO'-0.5H_2'-2CH_4'}{N_2'-\dfrac{N_2(RO_2'+CO'+CH_4')}{CO_2+CO+\sum mC_mH_n+H_2S}}} \tag{5-31}$$

式中　N_2'、H_2'、CH_4'——干烟气容积为 1 时，N_2、H_2、CH_4 的容积成分，由仪器测得。

当不完全燃烧干烟气中可燃成分以 CO 为主时，可认为 $H_2' \approx 0$ 与 $CH_4' \approx$

0，当燃气中 N_2 含量很少时，可认为 $N_2 \approx 0$，据此可简化计算。

分析式（5-31）可知，当完全燃烧时，干烟气中无可燃成分，因此完全燃烧时的过剩空气系数可由式（5-32）计算。

$$\alpha = \frac{0.21}{0.21 - 0.79\dfrac{O'_2}{N'_2 - \dfrac{N_2 RO'_2}{CO_2 + CO + \sum mC_mH_n + H_2S}}} \tag{5-32}$$

当燃气中含氮量很少时，可认为 $N_2 \approx 0$，且当完全燃烧时 $N'_2 = 1 - RO'_2 - O'_2$，因此式（5-32）简化为式（5-33）。

$$\alpha = \frac{0.21}{0.21 - 0.79\dfrac{O'_2}{1 - RO'_2 - O'_2}} \tag{5-33}$$

5.9 燃烧温度

燃烧温度实则为燃烧时烟气温度，按设定条件不同，分为热量计温度、燃烧热量温度、理论燃烧温度、实际燃烧温度，均由燃烧热平衡求得。

5.9.1 热量计温度

如燃烧在绝热状态下进行，燃气与空气的物理热和完全燃烧产生的化学热用于加热烟气，此时烟气的温度称为热量计温度，由式（5-34）计算。

$$t_c = \frac{H_L + (C_g + 1.20C_{H_2O}d_g)\ t_g + \alpha V_0\ (C_a + 1.20C_{H_2O}d_a)\ t_a}{V_{RO_2}C_{RO_2} + V_{H_2O}C_{H_2O} + V_{N_2}C_{N_2} + V_{O_2}C_{O_2}} \tag{5-34}$$

式中 t_c——热量计温度（℃）；

C_g、C_{H_2O}、C_a、C_{RO_2}、C_{N_2}、C_{O_2}——燃气、水蒸气、空气、RO_2、N_2 与 O_2 的平均定压容积比热［kJ/(Nm^3·℃)］；

t_g、t_a——燃气与空气温度（℃）；

V_{O_2}——每 $1Nm^3$ 干燃气完全燃烧所产生的烟气

中 O_2 的体积（Nm^3/Nm^3 干燃气）。

单一气体的平均定压容积比热见表5-8。

气体平均定压容积比热　　表5-8

气体	H_2	CO	CH_4	C_2H_2	C_2H_4	C_2H_6	C_3H_6	C_3H_8	n-C_4H_{10}
比热[kJ/(Nm^3·℃)]	1.298	1.302	1.545	1.909	1.888	2.244	2.675	2.960	3.710
气体	C_6H_6	H_2S	CO_2	SO_2	O_2	N_2	空气	水蒸气	
比热[kJ/(Nm^3·℃)]	3.266	1.557	1.620	1.779	1.315	1.302	1.306	1.491	

5.9.2　燃烧热量温度

如燃烧在绝热与 $\alpha=1$ 状态下进行，燃气完全燃烧产生的化学热用于加热烟气，但不计燃气与空气的物理热，即 $t_g=t_a=0$，此时烟气温度称为燃烧热量温度，由式（5-35）计算。

$$t_{ther}=\frac{H_L}{V_{RO_2}C_{RO_2}+V^0_{H_2O}C_{H_2O}+V^0_{N_2}C_{N_2}} \tag{5-35}$$

式中　t_{ther}——燃烧热量温度（℃）。

5.9.3　理论燃烧温度

当考虑因不完全燃烧而导致的热量损失包括 CO_2 和 H_2O 的分解吸热（当烟气温度低于1500℃时，可不计分解吸热），此时烟气温度称为理论燃烧温度，由式（5-36）计算。

$$t_{th}=\frac{H_L-Q_c+(C_g+1.20C_{H_2O}d_g)t_g+\alpha V_0\ (C_a+1.20C_{H_2O}d_a)\ t_a}{V_{RO_2}C_{RO_2}+V_{H_2O}C_{H_2O}+V_{N_2}C_{N_2}+V_{O_2}C_{O_2}} \tag{5-36}$$

式中　t_{th}——理论燃烧温度（℃）；

Q_c——不完全燃烧损失的热量（kJ/Nm^3 干燃气）。

5.9.4　实际燃烧温度

由于实际燃烧过程中除不完全燃烧热损失外，必然发生向周围介质的散热损失，因此同时考虑不完全燃烧热损失与向周围介质散热损失状况下烟气的温度称为实际燃烧温度，由式（5-37）计算。

$$t_{act}=\frac{H_L-Q_c-Q_e+(C_g+1.20C_{H_2O}d_g)t_g+\alpha V_0(C_a+1.20C_{H_2O}d_a)t_a}{V_{RO_2}C_{RO_2}+V_{H_2O}C_{H_2O}+V_{N_2}C_{N_2}+V_{O_2}C_{O_2}} \quad (5\text{-}37)$$

式中 t_{act}——实际燃烧温度（℃）；

Q_e——散热损失（kJ/Nm^3 干燃气）。

实际燃烧温度低于理论燃烧温度，它们的差值取决于燃烧工艺、炉结构等因素，两者的关系由经验公式（5-38）表示。

$$t_{act}=\mu t_{th} \quad (5\text{-}38)$$

式中 μ——高温系数，见表5-9。

燃烧设备高温系数　　表5-9

燃烧设备	μ	燃烧设备	μ
带火道无焰燃烧器	0.9	隧道窑	0.75～0.82
锻造炉	0.66～0.70	竖井式水泥窑	0.75～0.80
无水冷壁锅炉炉膛	0.70～0.75	平炉	0.71～0.74
有水冷壁锅炉炉膛	0.65～0.70	回转式水泥窑	0.65～0.85
有炉门室炉	0.75～0.80	高炉空气预热器	0.77～0.80
连续式玻璃池炉	0.62～0.68		

5.10 天然气燃烧污染物排放因子

由于煤炭、石油等矿物能源的过度使用，产生的大量SO_2、NO_X、CO_2和粉尘，对大气环境起到严重的破坏作用。特别是对因烧煤造成的城市大气污染，从国际经验看，治理大气污染根本的途径是优化城市的燃料结构，使用清洁燃料，其中发展天然气利用事业是可选择的最佳方案之一。

5.10.1 使用天然气后CO_2的减排量

由于天然气的碳氢比在各种矿物燃料中最低，净化后的天然气含有杂质也最少，所以天然气是一种最清洁的矿物燃料，消耗同样数量的能源，产生 CO_2 比煤少 41%（56%），比重油少 28%，比燃料油少 24%，使用天然气后 CO_2 的减排量见表 5-10，根据京都协议（Kyoto Protocol）的说法，如果到 2010 年燃气份额能提高 2%，就可以减少 CO_2 排放的四分之一。

使用天然气后 CO_2 的减排量　　表 5-10

	燃料的含碳量		燃烧后产生的 CO_2 量		发电时 CO_2 的排放量		
	kg/GJ	相对值	kg/GJ	相对值	发电效率（%）	kg/(MW·h)	相对值
褐煤	26.2	108%	96	108%	37	935	113%
烟煤	24.5	100%	90	100%	39	829	100%
重油	20.0	82%	74	82%	39	753	91%
天然气	13.8	56%	51	56%	40	455	55%
					50*	364	44%
					80**	228	28%

5.10.2　使用天然气后 SO_2 的减排量

天然气燃烧后，SO_2 的排放量取决于天然气重的硫化氢及总流的含量，我国《城镇燃气设计规范》GB 50028—2006 中规定天然气发热量、总硫和硫化氢含量、水露点指标应符合现行国家标准《天然气》GB 17820—1999 的一类气或二类气的规定，该规定天然气中硫化氢含量低于 20mg/m^3，我国目前天然气中含有 6ppmH_2S，也仅仅为 17mg/m^3，SO_2 的排放低于 40mg/m^3，每 1000m^3 天然气的 SO_2 排放量低于 40g，远远低于燃煤与燃油的排放量。表 5-11 燃煤的 SO_2 的排放量。

使用天然气后 CO_2 的减排量　　表 5-11

燃煤的方式	小煤炉		工业炉及分散采暖锅炉		集中供热锅炉		电厂、热电厂	
煤的种类	普通煤	优质煤	普通煤	优质煤	普通煤	优质煤	普通煤	优质煤
SO_2 排放量（kg/t 煤）	20.2	12.0	14.61	8.77	11.69	7.01	15.6	

5.10.3　使用天然气后烟尘的减排量

天然气燃烧后烟尘的排放量取决于天然气中不可燃固体杂质的含量、不完全燃烧产生的积碳情况和燃烧空气中的粉尘含量，天然气中的固体杂质含量非常少，我国《城镇燃气设计规范》GB 50028—2006 中规定天然气的杂质含量低于 20mg/m^3，天然气燃烧也相对比较完全，天然气燃烧后的烟尘排放量主要取决于环境空气中的粉尘含量，天然气燃烧后的烟尘排放量见表 5-12。

使用天然气后烟尘的减排量　　表 5-12

燃煤的方式	小煤炉		工业炉及分散采暖锅炉		集中供热锅炉		电厂、热电厂	
煤的种类	普通煤	优质煤	普通煤	优质煤	普通煤	优质煤	普通煤	优质煤
燃煤烟尘排放量（kg/t 煤）	0.54	0.45	4.40	3.52	3.15	1.92	2.20	
燃气烟尘排放量（g/m^3）	0.14		0.17		0.17		0.17	

5.10.4　使用天然气后 NO_X 的减排量

天然气燃烧后 NO_X 的排放量取决于天然气的燃烧温度和空气过剩系数，一般来说燃烧温度越高，过剩空气系数越大，天然气燃烧后 NO_X 的排放量也越大。天然气燃烧后的 NO_X 排放量见表 5-13。

使用天然气后 NO_X 的减排量　　表 5-13

燃煤的方式	小煤炉		工业炉及分散采暖锅炉		集中供热锅炉		电厂、热电厂	
煤的种类	普通煤	优质煤	普通煤	优质煤	普通煤	优质煤	普通煤	优质煤
燃煤 NO_X 排放量（kg/t 煤）	0.94	0.94	4.19	3.85	7.61	7.00	7.61	
燃气 NO_X 排放量（g/m^3）	0.39		0.4～1.6		0.4～2.24		0.4～8.8	

以 NO_X 为例分析天然气热电冷联产和天然气热电冷分产污染物排放的差异。比较天然气热电冷联产系统和分产系统环保性能的差异，需要正确处理整体排放和局部排放的关系。所谓整体排放指的是满足规划区域热电冷负荷的条件下，由于消耗能源而导致的向大气总的污染排放（其中包括远程电厂的污染物排放量），对于局部排放而言，不考虑远程电厂的污染物排放而只关心对规划区域周围环境的影响。

对于燃气内燃机，在 O_2 为5%的条件下，烟气中 NO_X 排放浓度一般大于250ppm，通过采用SCR技术也可以使 NO_X 排放浓度小于20ppm，但同时也会使系统的投资增加很多，只有在环保要求极其严格的地方，才采用这项技术；对于燃气轮机，烟气中 NO_X 排放浓度视工艺的不同有一定的变化，如果采用均相燃烧技术，在 O_2 为15%的条件下相应的 NO_X 排放浓度一般为25ppm左右，如果不采取任何措施，那么排放浓度约在80ppm左右。对于微型燃气轮机，其 NO_X 排放一般在9~50ppm（15% O_2），宝曼微燃机在额定工况下可以做到25ppm（15% O_2）。斯特林发动机的 NO_X 排放很低，一般小于8ppm（3.5% O_2），燃料电池的污染物排放可以忽略不计。根据测试对于中型燃气锅炉，烟气的排放浓度约在63ppm（3.5% O_2）。

取燃气锅炉、燃气轮机采用均相燃烧技术、内燃机不采用SCR技术、内燃机采用SCR技术、微燃机、斯特林发动机和燃料电池的排放浓度分别为63ppm（3.5% O_2）、25ppm（15% O_2）、250ppm（5% O_2）、20ppm（5% O_2）、25ppm（15% O_2）、8ppm（3.5% O_2）和0，相应的排放因子如表5-14所示。

不同机组的排放因子 表5-14

机组类型	排放因子（g/m^3 天然气）
燃气锅炉	1.49
燃气轮机	1.71
内燃机不采用SCR技术	6.42
内燃机采用SCR技术	0.51
微燃机	1.71
斯特林发动机	0.19
燃料电池	0

燃煤装置的污染物排放因子比燃气装置更多地受到燃烧装置的容量，燃料燃烧效率，污染物治理装置的状况等的影响，污染物排放因子的确定带有很大的随机性与主观性，在分析了大量实测数据和检索文献［75～80］的基础之上，确定了本文研究所采用的排放因子。表5-15为燃煤锅炉的污染物排放指标，其中粉尘和SO_2的排放指标是根据《中华人民共和国国家标准锅炉大气污染物排放标准》GB 13271—2001按达标计算的，该标准对燃煤的NO_X排放没有要求，表中数据为实测值，表5-16所示为燃煤电厂污染物排放指标。

燃煤锅炉污染物排放指标　　**表5-15**

	粉尘	SO_2	NO_X
燃煤锅炉污染排放指标（g/kg 标煤）	2.26	10.2	1.13

燃煤电厂污染物排放指标　　**表5-16**

	粉尘	SO_2	NO_X
燃煤电厂污染排放指标（g/kg 标煤）	1.53	24.52	8.91

1. 供热工况

楼宇式天然气热电联供系统相对于天然气热电分产的整体NO_X以及局部NO_X的减排率可表示为：

$$x_{totle}=\frac{\eta_e/\eta_{ce}emi_{ge\_cc}+\eta_h/\eta_b emi_{boiler}-emi_{cogen}}{\eta_e/\eta_{ce}emi_{ge\_cc}+\eta_h/\eta_b emi_{boiler}} \tag{5-39}$$

$$x_{local}=\frac{\eta_h/\eta_b emi_{boiler}-emi_{cogen}}{\eta_h/\eta_b emi_{boiler}} \tag{5-40}$$

式中　x_{totle}——天然气热电联产系统的整体减排率；

x_{local}——天然气热电联产系统的局部减排率；

emi_{ge_cc}——燃气—蒸汽联合循环的污染物排放因子（mg/m^3天然气）；

emi_{cogen}——楼宇式天然气热电联产机组的污染物排放因子（mg/m^3天然气）；

emi_{boiler}——中型燃气锅炉的污染物排放因子（mg/m³ 天然气）。

根据上式计算出的内燃机、燃气轮机、斯特林发动机热电联供系统相对于热电分产系统的整体和局部 NO_X 减排情况随其发电效率和总效率的变化如图 5-6 至图 5-11 所示，微燃机所得结论与燃气轮机相同，燃料电池可以认为基本没有污染，其污染物减排率达到 100%，由此可以得出如下结论：

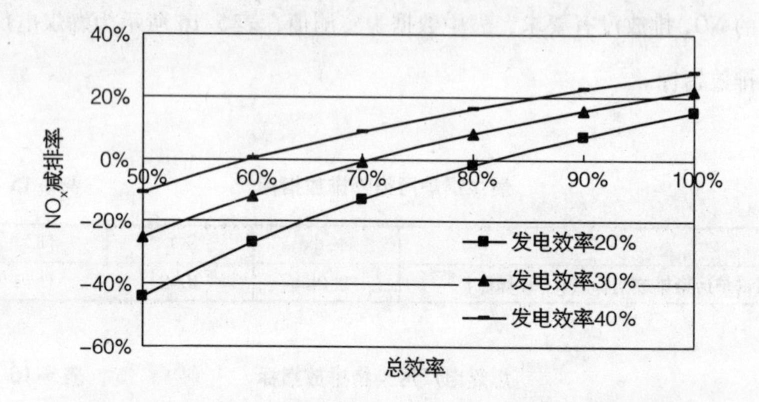

图 5-6 燃气轮机热电联产相对于热电分产的整体 NO_X 减排情况

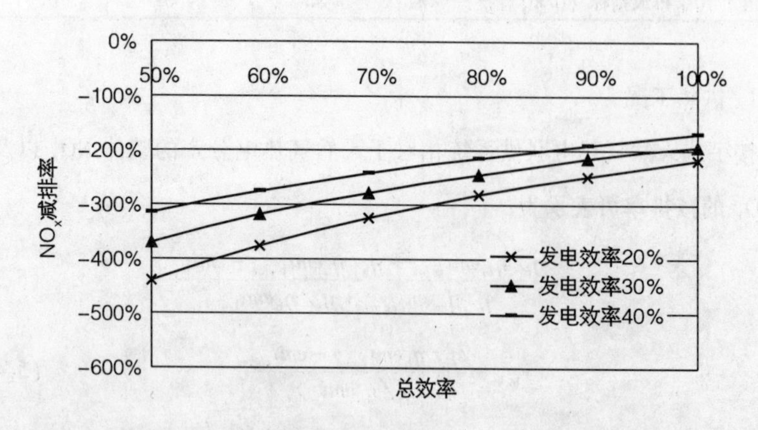

图 5-7 燃气内燃机热电联产相对于热电分产的整体 NO_X 减排情况

（1）对于燃气轮机热电联产系统而言，在热电联产总效率达到 70% 时，发电效率在 20% ~40% 之间变化时，联产相对于分产的 NO_X 整体减排率在-13%~9%之间变化，说明此时发电效率较低时，会增加整体NO_X的排放量，只有发电效率大于30%时，才能从整体上减少NO_X的排放量。对于局部排放而言，NO_X的排放总是大于燃气锅炉，在热电联产总效率达到70%，发电效率在20%~40%之间变化时，局部排放比燃气锅炉增加107%~246%。

（2）对于内燃机而言，如果不采取措施，既加大了全局排放量，又增加了局部排放量，在热电联产总效率达到70%，发电效率在20%~40%之间变化时，整体NO_X排放量联产为分产的3.4~4.2倍，而局部为7.8~13倍。但如果采用SCR技术，如图5-12与5-13所示，则只要热电联产总效率大于70%，从整体上和局部上都可以减少NO_X的排放量。

（3）对于斯特林发动机热电联产系统而言，从整体上与局部上都可以减少NO_X的排放量。

（4）从污染物减排的角度看，增加热电联产系统的总效率，充分回收利用机组余热总是有助于降低污染物的排放，这应该成为当前对燃气利用的一个重要的研究方向。

2. 制冷工况

制冷工况对于内燃机、燃气轮机和微燃机来说，总是增加当地的排放，对于燃料电池热电冷联产系统来说，可以减小总体的排放量，斯特林发动机因为高温余热量很小，在此不做讨论，重点讨论燃气轮机，内燃机和微燃机的NO_X减排率。天然气热电联供系统供冷工况和冷电分供系统的NO_X整体减排率计算如式5-41所示，计算中微燃机驱动吸收机COP为0.7，计算结果如图5-10，图5-15与图5-16。

$$x_{\text{total}}=\frac{(\eta_{\text{e}}+\eta_{\text{h}}COP_{\text{a}}/COP_{\text{e}})/\eta_{\text{ce}}emi_{\text{ge\_cc}}-emi_{\text{cogen}}}{(\eta_{\text{e}}+\eta_{\text{h}}COP_{\text{a}}/COP_{\text{e}})/\eta_{\text{ce}}emi_{\text{ge\_cc}}} \tag{5-41}$$

可以看出，对于燃气轮机，只有当冷电联产系统的发电效率很高，且综合热效率也很高的时候，才有可能冷电联产的整体排放量少于冷电分产模式的整体排放量，但同时也是以局部排放量的增加为代价的。对于内燃

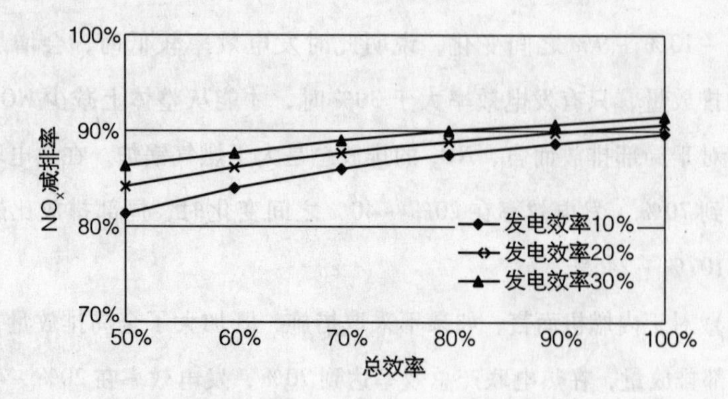

图 5-8 斯特林发动机热电联产相对于热电分产的整体 NO_X 减排情况

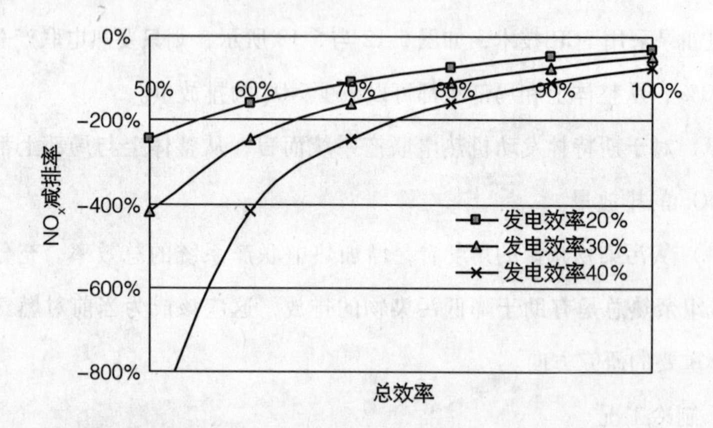

图 5-9 燃气轮机热电联产相对于热电分产的局部 NO_X 减排情况

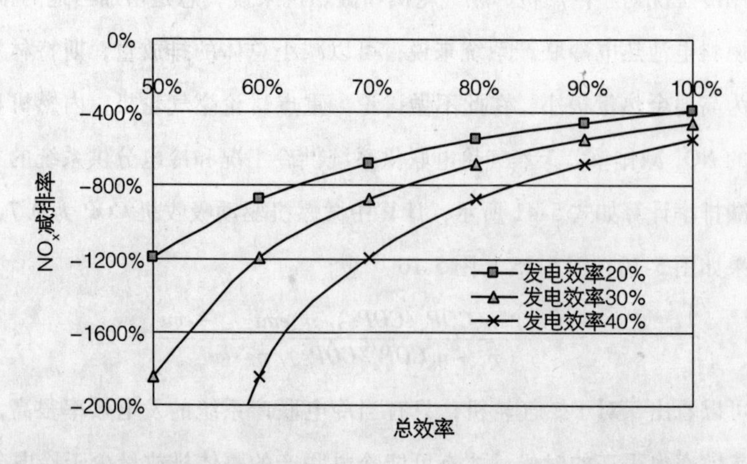

图 5-10 燃气内燃机热电联产相对于热电分产的局部 NO_X 减排情况

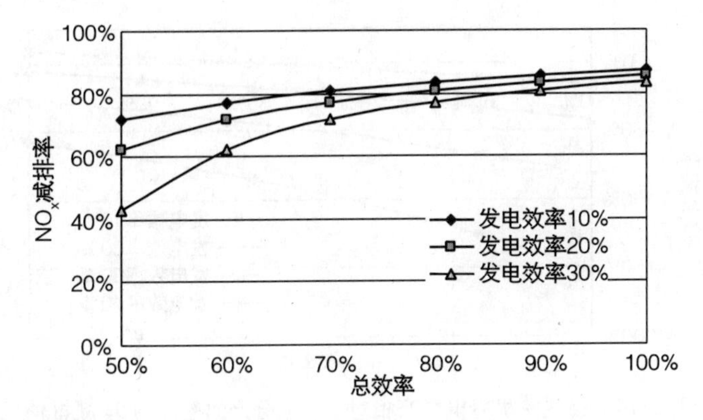

图5-11　斯特林发动机热电联产相对于热电分产的局部 NO_X 减排情况

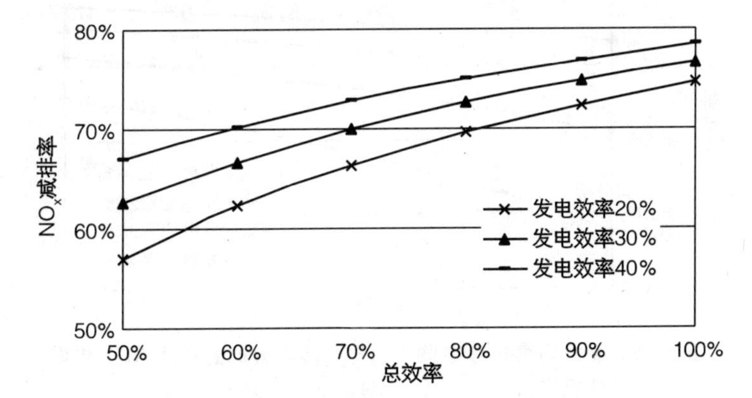

图5-12　燃气内燃机热电联产相对于热电分产的整体 NO_X 减排情况（内燃机采用SCR技术）

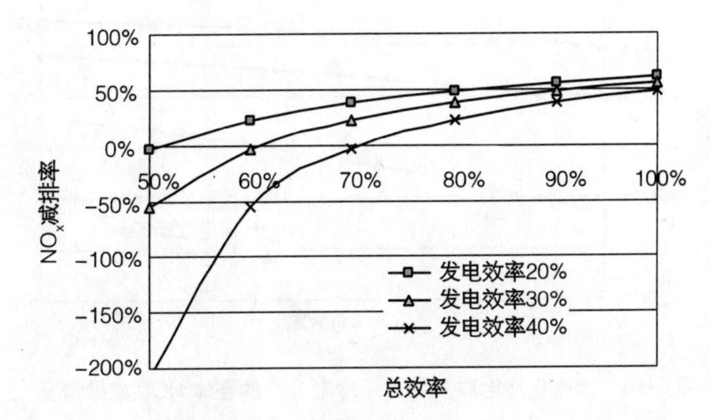

图5-13　燃气内燃机热电联产相对于热电分产的局部 NO_X 减排情况（内燃机采用SCR技术）

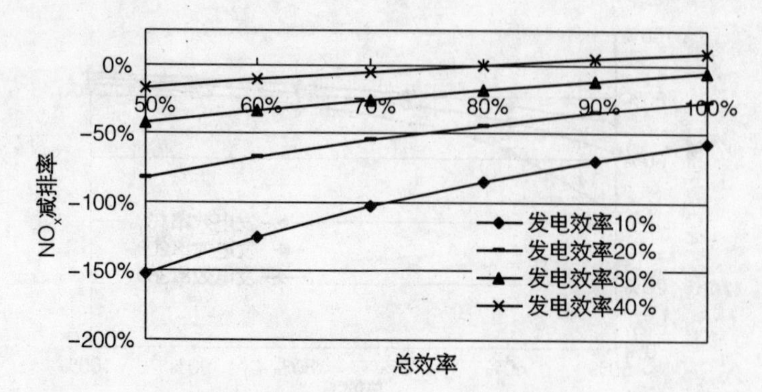

图 5-14 燃气轮机冷电联产相对于冷电分产的整体 NO_X 减排情况

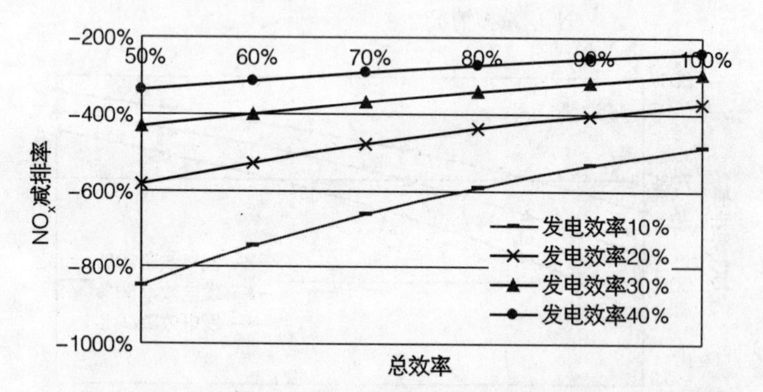

图 5-15 燃气内燃机冷电联产相对于冷电分产的整体 NO_X 减排情况

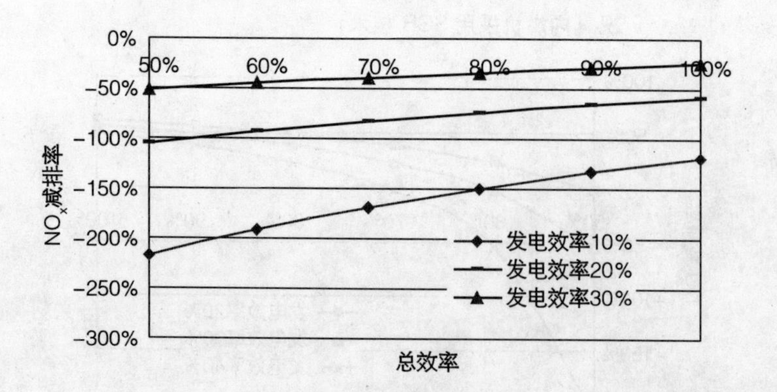

图 5-16 微燃机冷电联产相对于冷电分产的整体 NO_X 减排情况

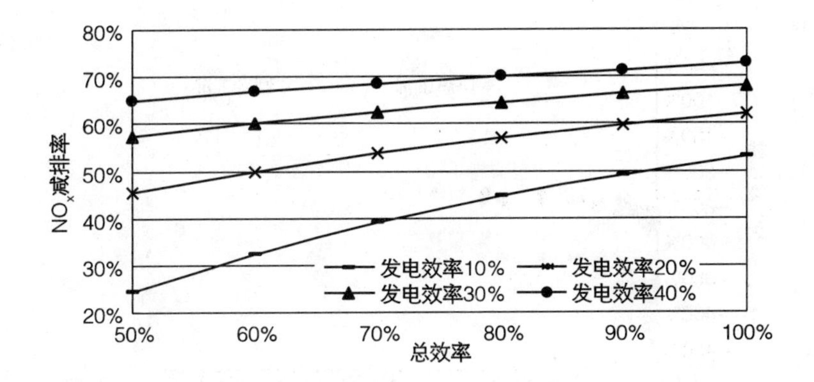

图 5-17　燃气内燃机冷电联产相对于冷电分产的整体 NO_X 减排情况（内燃机采用 SCR 技术）

机和驱动单效制冷机的微燃机，冷电联产相对于冷电分产模式没有任何优越性，局部排放大大增加，全局排放也增加较多。如图 5-17 所示，内燃机采用 SCR 技术可以从整体上降低 NO_X 的排放量，但增加局部 NO_X 的排放量。

3. 典型机组的减排率

典型机组的整体减排率随发电效率的变化如图 5-18 与图 5-19 所示，由图中可以看出：

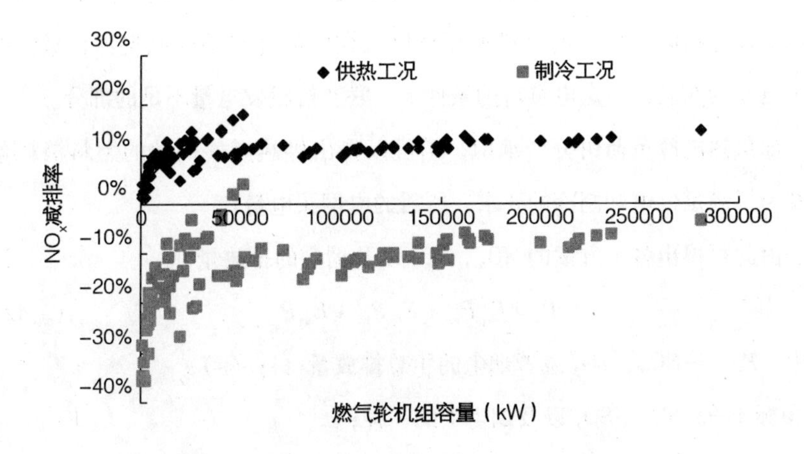

图 5-18　燃气轮机 NO_X 减排率随装机容量的变化

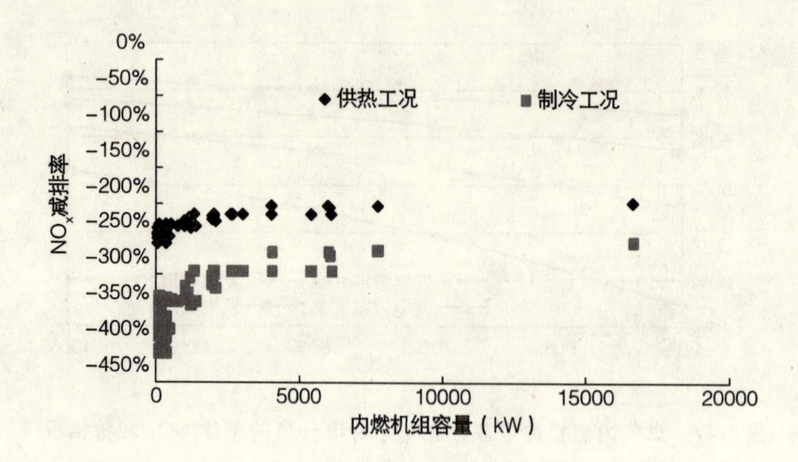

图 5-19　燃气内燃机 NO_X 减排率随装机容量的变化

（1）对于燃气轮机，在供热工况下，减排率大于零，对于 NO_X 有一定的减排效果，在制冷工况下，减排率一般小于零，增加了整体的排放。

（2）对于燃气内燃机，供热工况与制冷工况都增加了系统的总排放。供热工况排放为分产的 3~3.5 倍，制冷工况排放为分产的 3.5~5 倍。

4. 全年排放量

基于燃气热电冷联产系统全年的逐时模拟分析，可以得出在满足一定的热电冷负荷的条件下，系统的燃料消耗量以及电网买电量。其中燃料消耗量应该包括联产机组的燃料消耗量以及燃气尖峰锅炉的燃料消耗量，电网买电量为在满足一定电负荷的条件下，联产机组发电量不足的部分。

如果热电冷负荷由分产承担，则可以得出供热燃气锅炉的燃料消耗量以及为了满足供电和制冷的要求，所需的电网买电量。

由此可得出各个方案的 NO_X，SO_2 以及烟尘的排放量。

$$P_x = F_{ex}P_{ex} + F_{bx}P_{bx} + E_{nx}P_{nx} \tag{5-42}$$

式中　P_x——NO_X，SO_2 或者烟尘的年总排放量（kg/年）；

下角标 x——NO_X，SO_2 以及烟尘中的一种；

F_{ex}——联产燃气消耗量（Nm^3/年）；

F_{bx}——燃气锅炉燃料消耗量（Nm^3/年）；

E_{nx}——电网买电量（kWh/年）；

P_{ex}——联产机组每消耗 $1Nm^3$ 天然气相应污染物的排放量（kg/Nm^3 天然气）；

P_{bx}——燃气锅炉每消耗 $1Nm^3$ 天然气相应污染物的排放量（kg/Nm^3 天然气）；

P_{nx}——燃气—蒸汽联合循环电厂每发出 1kWh 电力，相应污染物的排放量（kg/kWh）。

如果只是关心热电冷联产系统对局部环境的影响，则需要计算污染物的局部排放量。局部排放量的计算式如下：

$$P_x = P_{ex}F_{ex} + P_{bx}F_{bx} \tag{5-43}$$

5.10.5 减排因子

天然气属于洁净能源，各种应用方式减排效果不同，本书对各种应用方式的减排综合后，计算平均减排因子，见表5-17。

1kg 煤炭被天然气替代后的减排因子（克/ kg）　　表5-17

序号	天然气用户	替代燃煤方式	烟尘	SO_2	NO_X	CO_2
1	家用燃气锅炉（如壁挂炉）	家用小煤炉采暖（原煤）	54.6	13.6	4.6	1472
2	制药工业	制药工业	21.7	17.0	3.9	1573
3	小型燃气锅炉	立式燃煤锅炉，功率≤1t/h	45.9	16.7	4.4	1152
4	家用燃气锅炉（如壁挂炉）	家用小型煤炉采暖（型媒）	10.8	11.1	3.6	1205
5	化学工业用天然气加热	化学工业煤加热	5.0	17.0	4.0	1506
6	食品工业	食品工业	5.0	17.0	4.5	1354
7	烧煤窑炉改烧天然气	直接烧煤窑炉	5.0	17.0	4.6	1443
8	烧气窑炉改烧天然气	烧煤制气窑炉	5.0	17.0	5.5	1421
9	冶金带焦改烧天然气	冶金带焦	5.0	17.0	5.5	1396
10	家用燃气用具与开水器	居民用户，炊事热水	2.5	12.7	1.3	1083
11	燃气调峰发电	燃媒调峰电厂	1.5	15.4	5.6	1389
12	燃气锅炉	燃煤锅炉 1t/h ＜功率≤4t/h	6.2	14.4	4.2	1176
13	倒焰窑改烧天然气	倒焰窑	5.3	17.0	5.0	1223

续表

序号	天然气用户	替代燃煤方式	烟尘	SO_2	NO_X	CO_2
14	中餐灶、大锅灶、蒸箱、开水炉等	公共建筑炊事用户	2.7	12.7	1.3	1083
15	燃气联合循环热电联产	燃煤发电与燃煤锅炉	1.4	15.4	4.9	1408
16	楼宇式热电联产（热）	燃煤发电与燃煤锅炉	1.5	15.4	4.7	1128
17	燃气蒸汽联合循环发电	燃煤发电	1.5	15.4	5.5	1460
18	燃气锅炉	卧式燃煤锅炉，4t/h < 功率≤10t/h	4.9	14.4	4.1	1133
19	煤制气改为天然气	烧结	5.0	17.0	5.3	1134
20	天然气替代煤制气	玻璃工业、灯工、熔化	4.3	14.6	4.3	917
21	燃气联合循环冷电联产	燃煤电厂发电与电制冷	1.5	15.4	5.2	1287
22	天然气替代燃煤	加热炉（锻炉、铸工烘炉与退火炉等）	4.4	14.9	4.5	838
23	燃气锅炉	燃煤锅炉，功率 >10t/h	2.6	12.2	4.1	1137
24	楼宇式热电冷联产（冷）	燃煤发电与电制冷	1.6	16.8	5.9	1361
25	直燃机式吸收机	燃煤发电与电制冷	1.4	15.4	2.3	499

第6章　居民用户与商业炊事天然气用户

城市居民用户和公共建筑用户（商业用户）是城市天然气供应的基本用户之一。居民生活用气主要用于炊事和日常生活用热水。公共建筑用气包括职工食堂、饮食业、幼儿园、托儿所、医院、旅馆、理发店、浴室、洗衣房、机关、学校和科研单位等，燃气主要用于炊事和热水。

6.1　采用天然气后的效率

城市天然气应该优先供应给居民生活用户和公共建筑炊事用户。因为这些用户一般使用小煤炉，小煤炉的热效率低，只有15%～20%，并且小煤炉污染严重，但采用天然气后热效率高达55%～60%，节能效果明显。表6-1为各类城市居民用户和公共建筑炊事用户采用天然气后的替煤节能效果。

居民和公共建筑炊事用户采用天然气后的替煤节能效果(1Nm^{3}天然气)　　表6-1

序号	用途	替煤量（kg）	节煤量（kg）	节煤百分比（%）
1	城市居民用户	3.5～4	1.6～2.1	46～53
2	公共建筑炊事用户	3～3.5	1.1～1.6	37～46

注：型煤低热值18830kJ/kg（4500kcal/kg），天然气低热值35948kJ/m^3（8600kcal/m^3）。

由表6-1看出，天然气替代煤后，节能效果显著，按热量计算使用天然气比用煤的节煤百分比在37%～53%之间，平均节煤量近50%。因此，居民生活和公共建筑用天然气替代煤，是节约能源的一个有效措施。

6.2 采用天然气后对环境的影响

由于居民和公共建筑炊事、热水、沐浴等生活上的需要烧煤，形成分散于千家万户和城镇各个角落的炉灶、烟筒，是城市煤污染的一个主要污染源。根据测算表明居民分散燃烧1t煤，产生的烟尘量是工业集中燃烧烟尘量的2～3倍，其中飘尘是工业的4～5倍。对于大量的分散用户，即居民用户与公共建筑用户来说，使用天然气可以有效防止大气环境污染。我国目前对小煤炉大气污染排放量主要采用排放系数法估算，计算出1m^3天然气替代其他燃料后，可减少的排放量见表6-2。

1m^3天然气替代其他燃料后减少的排放量　　表6-2

替代燃料类型	单位	SO_2	烟尘	NO_X	CO_2
煤（型煤炉）	g	40.8～54.4	3.75～5	4.06～6.00	3810～4310
油	g	19.7	0.81	0.65	655

注：型煤低热值18830kJ/kg（4500kcal/kg），油型煤低热值43950kJ/kg（10500kcal/kg），天然气低热值35948 kJ/m^3（8600kcal/m^3）。煤的含硫量平均按0.8%计算，油的含硫量平均按0.6%计算，天然气含硫量平均按10mg/m^3计算。煤的平均燃烧效率按85%计算，燃油、燃气的燃烧效率按100%计算。

由表6-2看出，天然气替代煤后，SO_2、烟尘、NO_X和CO_2减排效果显著。同时城市中天然气运输一般采用管道输送，燃烧后没有灰渣。因此，采用天然气后减少煤和煤渣在运输、储存过程中的煤灰对环境的污染。根据世界上各国家发展天然气的经验和我国数十年发展城市燃气的经验，居民生活和公共建筑（商业）用天然气替代煤，对环境改善非常大，是减轻城市大气污染的主要途径，是天然气优先发展的用户。

6.3 采用天然气后的经济性

城市居民用户和公共建筑炊事用户采用天然气替代型煤后，按替煤量与市场型煤价格计算的天然气替煤经济效益见表6-3。由表6-3中结果可以看出，对城市居民用户采用天然气比用型煤经济。对商业用气（公共建筑炊事用户），由于目前商业用气的价格一般高于居民用户的用气价格，用气的费用略高于用煤。

居民和公共建筑炊事用户采用天然气后与煤比的经济性(1Nm^3 天然气) **表6-3**

序号	用途	替煤量（kg）	购煤费（元）	购气费（元）	气与煤费之（元）
1	城市居民用户	3.5~4	2.1~2.4	2	0.1~0.4
2	商业炊事用户	3~3.5	1.8~2.1	2.2	-(0.4~0.1)

注：型煤600元/t，天然气居民用2元/m^3，天然气商业用气2.2/m^3。

对居民用户来说，居民用天然气价格的确定主要考虑供气成本，集资水平和与其他替代能源之间的比价关系。天然气的价格应高于供气成本，但如果天然气的价格超过与LPG、电的热当量比价关系过多，将是许多用户选用LPG和电作为替代天然气，就会使居民用户减少。

只有确定合理的天然气价格才能扩大居民用气的范围和用气量。目前由于城市的居民用电价格一般高于0.5元/kWh，按热量计算，电的价格一般为天然气价格的2倍以上，因此，居民用天然气价格应考虑集资因素，低于LPG的价格。按发热量换算1kg液化石油气相当于1.27m^{3}天然气。目前市场上不同地区液化石油气的价格平均为3~5元/kg，当按热量计算天然气与LPG等价时，不同地区天然气相应的价格在2.36~3.5元/m^{3}之间，考虑集资水平和用户发展情况，天然气的价格应该低于LPG的价格，一般低15%~20%为宜，也就说不同的地区天然气的价格应该在2~2.8元/m^{3}之间。

商业用天然气价格的确定主要考虑供气成本，用户承担的工程建设费用和与其他替代能源之间的比价关系。在公共建筑用户领域中与天然气进行竞争的能源主要有 LPG、轻柴油、电。天然气与 LPG、轻柴油和电之间存在一个竞争比价关系，如果低于这个比价关系，有利于天然气的发展，高于这个比价关系，不利于天然气的发展。考虑到 LPG 的初投资，相同热量单位的天然气价与液化石油气的比价关系应低于 0.85∶1；相同热量单位的天然气价与轻柴油的比价关系应低于 0.8∶1，天然气的热值按 8600kcal/m^3，液化石油气的热值按 1100kcal/kg，轻柴油热值按 10500kcal/kg；相同热量单位的天然气价与电价的比价关系应低于 1∶2～1∶2.5，否则公共建筑用气市场也会走向萎缩。

只有确定合理的天然气价格才能扩大公共建筑用气的范围和用气量，实现规模效益。目前由于城市的公共建筑用电价格一般平均为 0.5～0.7 元/kWh，按热量计算，电的价格一般为天然气价格的 2 倍以上，因此，在居民用天然气价格应考虑集资因素，应低于液化石油气的价格。按发热量换算 1kg 液化石油气相当于 1.27m^3 天然气。目前市场上不同地区液化石油气的价格年平均为 3～5 元/kg，不同地区天然气相应的价格应低于 2.36～3.5 元/m^3，降低的幅度应考虑集资水平和用户发展情况，一般与民用基本相同，在 2～2.7 元/m^3 之间。

城市居民用户和公共建筑炊事用户采用天然气后，除直接经济效益较好外，还有显著的间接经济效益，如采用天然气后可省去用煤所必须的储煤和灰渣的场地，减少城市运煤和煤渣的交通量，同时也减少用户的劳动量和劳动强度。

6.4 该类用户的容量

居民生活用气主要用于炊事和日常生活热水。影响居民生活用气指标的因素很多，对于不同城市的居民用户由于受生活水平、生活习惯、电能在炊事和热水中的利用程度、地区气象条件、公共生活服务网（食堂、饮食店、熟食等）的发展程度、住宅内有无集中采暖设备和热水供应设备等影响，用气量指标差异很大。居民炊事和热水的燃气耗热指标很小，天然气的热值按 8600kcal/m^3 算，2000 年全国的人均耗天然气量为 67.1m^3。不同的城市 2000 年人均用气量在 32 ~ 90m^3 之间变化。根据城市总用气人口可估算居民用户的天然气用气容量。

公共炊事用户也称为商业用户，主要指食堂、宾馆、饭店等服务业用气。影响公共建筑用气指标的主要因素是用气设备的性能、热效率、加工食品的方式，城市的发达程度，生活水平，流动人口数量和地区的气候条件。对商业用户来说，是否采用天然气作燃料，主要取决于天然气的价格、使用天然气的资源费和工程建设费以及当地的能源环保政策。该类用户的用气量可根据城市人口数量、气化率和商业用气占居民用气的比例来估算，一般城市商业用气占居民用气比例的 30% ~70% 左右，平均约为 40% ~50% 。

发达国家居民生活与公共建筑用气一般占总用气量的 20% ~30% 。目前我国大多数城市以居民生活与公共建筑用气为主。但根据我国城镇燃气的结构是人工煤气、液化石油气和天然气，天然气将成为最大的气源，按 4 亿天然气用人口测算，天然气的用气量在 300 亿 ~400 亿 m^3 之间。

6.5 该类用户的负荷波动情况

6.5.1 季节用气不均匀性

居民生活和商业用气主要受生活规律、气候和生活习惯的影响。

一般各月的用气量变化程度用月不均匀系数表示，为了消除各月天数不同的影响，月不均匀系数定义如下：

$$K_1 = \frac{\text{该月平均日用气量}}{\text{全年平均日用气量}} \tag{6-1}$$

最大的月不均匀系数称为月高峰系数。

我国各城市的季节负荷变化比较大，受采暖负荷影响十分突出。本研究采用不均匀系数法计算分析每个月的负荷波动情况。表6-4是北京市的居民与商业用户平均月不均匀系数。

北京市的平均月不均匀系数　　表6-4

1月	2月	3月	4月	5月	6月	7月	8月	9月	10月	11月	12月
1.942	1.842	0.812	0.472	0.435	0.455	0.472	0.467	0.479	0.554	1.900	2.529

6.5.2 日用气不均匀性

居民生活及公共建筑日用气工况主要取决于居民生活习惯。用日不均匀系数来表示一个月（或一周）中日用气不均匀情况，该月中日最大不均匀系数称为该月的日高峰系数。

$$K_2=\frac{\text{该月（周）某日用气量}}{\text{该月（周）平均日用气量}} \tag{6-2}$$

对居民与公共建筑和工业的日负荷波动情况采用不均匀系数法进行计算分析。表6-5为我国部分城市居民与公共建筑的日用气不均匀系数。

居民与公共建筑日用气不均匀系数　　表6-5

周一	周二	周三	周四	周五	周六	周日
0.812	0.87	0.93	1.013	1.067	1.08	1.09

图6-1为计算北京市居民与公共建筑炊事用气的日负荷图，计算方法根据北京市的月不均匀系数和日不均匀系数的乘积计算。图6-2计算2002年北京市天然气总用气负荷波动图，是根据居民与公共建筑、采暖、空调、工业与其他四类用户的日用气负荷波动叠加得到的。图6-1～图6-2的横坐标是时间天（d），纵坐标是日用气负荷波动值，即每天实际用气负荷与年平均日用气负荷之比。

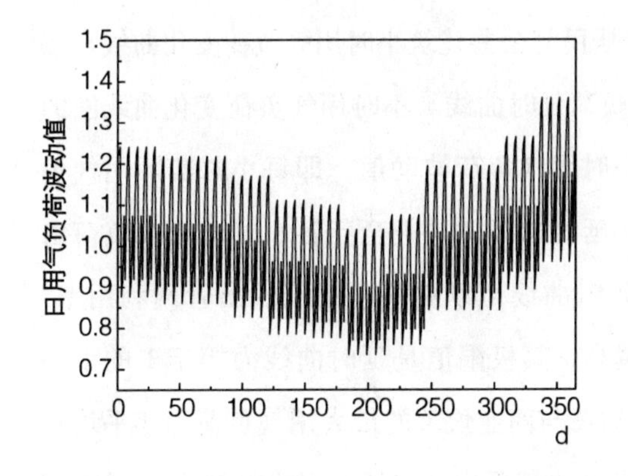

图 6-1　计算北京市居民与公共建筑日负荷波动图

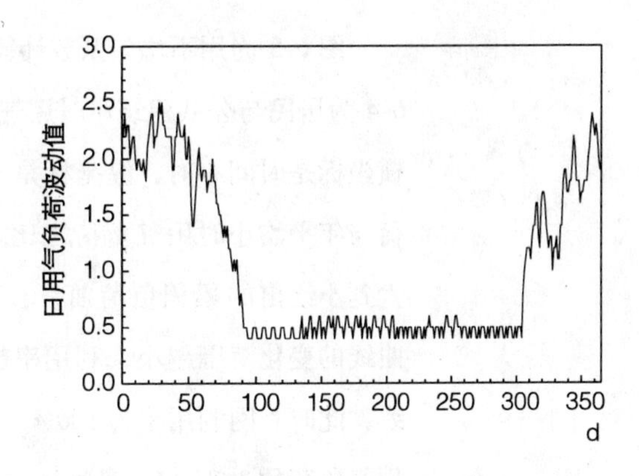

图 6-2　计算 2002 年北京市天然气负荷波动图

6.5.3　小时用气不均匀性

城市各类用户的小时用气量均不同，存在小时不均匀性，居民和公共建筑用气每日存在早、中、晚三个用气高峰，受当地居民的生活习惯、上下班时间、节假日和气候的影响。通常用小时不均匀系数来表示一个日中小时用气不均匀情况，该日最大小时不均匀系数称为小时高峰系数。

$$K_3 = \frac{\text{该日某小时用气量}}{\text{该日平均小时用气量}} \tag{6-3}$$

对居民与公共建筑和工业的小时负荷波动情况采用不均匀系数法进行计算分析。表 6-6 为城市居民与公共建筑的小时用气不均匀系数。

为城市居民与公共建筑的小时用气不均匀系数　　表 6-6

时间	K_3	时间	K_3	时间	K_3	时间	K_3
1~2	0.31	7~8	1.25	13~14	0.67	19~20	0.82
2~3	0.40	8~9	1.24	14~15	0.55	20~21	0.51
3~4	0.24	9~10	1.57	15~16	0.97	21~22	0.36
4~5	0.39	10~11	2.71	16~17	1.70	22~23	0.31
5~6	1.04	11~12	2.46	17~18	2.30	23~24	0.24
6~7	1.17	12~13	0.98	18~19	1.46	24~1	0.32

图6-3为用不均匀系数计算居民与公共建筑小时用气负荷变化曲线，图6-4为居民与公共建筑小时用气负荷延时曲线。小时用气负荷变化曲线图的横坐标是时间小时，纵坐标是小时用气负荷波动值，即每小时实际用气负荷与年平均小时用气负荷之比。延时曲线就是把全年各小时的用气负荷由大到小绘出的累积负荷曲线，延时曲线可以更清晰地反映出管网利用率，曲线的变化范围越小，利用率越高，其极限值是延时曲线为等于1的水平线，此时管网利用率为100%。居民与商业炊事的最大用气负荷为年平均日用气负荷的3.71倍，最小用气负荷为年平均日用气负荷的0.32倍，最大用气负荷为最小用气负荷的11.6倍，年最大负荷小时利用率为27.2%。

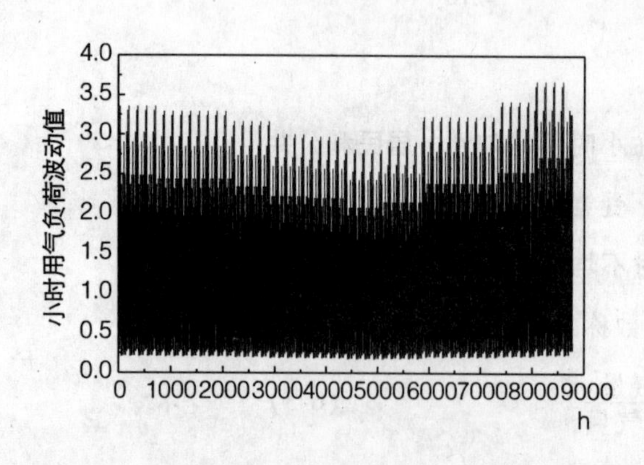

图6-3 计算居民与公共建筑小时负荷波动图

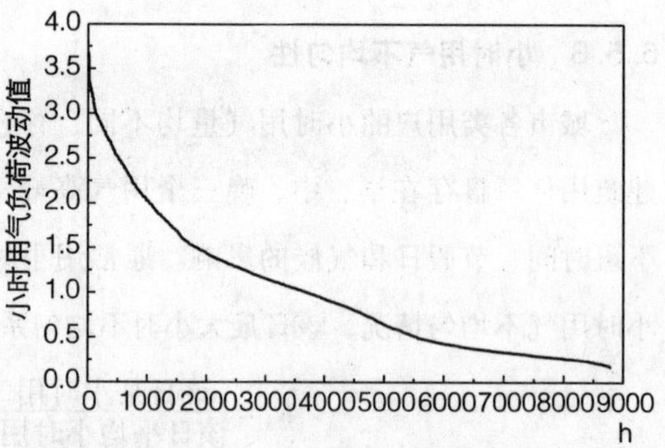

图6-4 计算居民与公共建筑小时负荷延时曲线

6.6 采用天然气后，对该类用户的影响

居民用户与商业炊事用户采用天然气后，能节约大量的煤炭等燃料，有效地减少对大气环境的污染，减少劳动强度和城市运输量，对居民用户可降低燃料费支出，为群众生活改善厨房卫生条件。对商业炊事用户虽然使用天然气成本略高于用煤，当考虑到用煤占地和灰渣的外运处理以及对环境卫生条件的改进，和加工熟食效率的提高，使用天然气基本与用煤在经济上持平。居民用户与商业炊事用是城市天然气工程优先发展的用户，对节约能源、减少大气污染物排放和减轻城市交通运输量有重要意义。

第7章　工业用户天然气用户

工业企业用气主要是指工艺设备生产用气，其应用范围包括冶炼炉、熔化炉、加热炉、退火炉、干燥炉、烘烤、熬制等。工业用户有分为工艺上必须用燃气的用户，如玻璃、艺术陶瓷、纺织、医药等行业；在工艺上使用天然气可使产品质量和产量有很大提高的用户，如有色金属加热和熔化、金属锻造、高档建筑陶瓷、搪瓷和食品行业。

7.1　采用天然气后的效率

一般来说工业用户采用天然气后，其热效率受工艺，炉子结构形式，保温水平，密封程度，过剩空气系数的控制和烟气余热的回收利用程度等因素影响，目前我国天然气在工业领域一次能源的热效率见表7-1。

各种工业天然气加热设备热效率　　表7-1

序号	分类		加热设备名称	热效率（%）	计算公式
1	加热固体	直接加热	箱式炉（机械部件的淬、退、回火） 断续式大型加热炉 连续式大型加热炉 隧道窑 室窑	10～20 10～20 20～40 20～40 25～45	$\eta=\frac{被加热物体所需显热}{天然气燃烧的放热量}$

续表

序号	分类		加热设备名称		热效率（%）	计算公式
1	加热固体	间接加热	干燥器（烘箱），涂料烘牢炉		20~40	$\eta=\frac{\text{被加热物体所需显热}}{\text{天然气燃烧的放热量}}$
			马弗炉工具淬火	被加热物体预热	8~15	
				被加热物体不预热	5~10	
			压模板加热		15~20	
			辐射管加热炉（铜丝退火）		5~15	
2	熔化固体	锅受火焰直接加热 浸没式 辐射式	高温熔化炉（铜、铜锌合金、铁）		10~15	$\eta=\frac{\text{被加热物体显、潜热}}{\text{天然气燃烧的放热量}}$
			低温熔化炉（铝，活字金）		20~25	
			活字金属熔化炉		30~35	
			金属熔化锅		5~20	
			玻璃熔化、退火炉		20~25	
3	其他	直接加热	熔烧窑（各种砖的烧结）		25~40	$\eta=\frac{\text{被加热物体显、潜热}}{\text{天然气燃烧的放热量}}$
			还原熔烧竖炉（选矿车间）		20~35	

天然气用于工业用户，由于燃烧效率比煤高，燃烧过程易实现自动控制，过剩空气系数降低，炉子的密封性提高，烟气余热可回收利用（预热燃烧所需空气或烟气回热循环）。因此，可节约能源。表7-2为各类工业用户采用天然气后的替煤节能效果。

各类工业用户采用天然气后的替煤节能效果（1Nm^3 天然气）　　表7-2

序号	用途	替煤量(kg)	节煤量(kg)	节煤百分比(%)
1	烧气窑炉(平炉、加热炉、隧道窑等)	2.8	1.1	39
2	冶金带焦（炼铁）	2.7	1.0	37
3	直接烧煤窑炉（倒焰窑除外）	2.7~3.1	1.0~1.4	37~45
4	倒焰窑	2.1~2.2	0.4~0.5	19~23
5	玻璃工业（灯工、熔化）	1.68~1.95	0.12~0.38	8~19
6	加热炉(锻炉、铸工烘炉与退火炉等)	1.5~1.8	-0.06~0.24	-4~13
7	烧结	1.94	0.38	20
8	食品工业	2.54~3.40	0.98~1.83	38~54
9	化学工业（加热、蒸馏、蒸发）	3.22	1.65	51
10	制药工业（针剂封瓶、片剂挂糖衣）	6.45	4.88	76

注：原煤低热值22990kJ/kg(5500kcal/kg)，天然气低热值35948kJ/m^3(8600kcal/m^3)。

7.2　采用天然气后对环境的影响

工业用户采用天然气后，燃烧污染物排放量显著降低，对改善大气环境有重要作用，根据目前我国工业用户使用天然气的情况，对各类用户使用天然气后的减排量进行估算，结果见表 7-3。由表 7-3 看出，工业用户采用天然气后，各种污染物减排效果显著，是减轻工业大气污染的一个重要途径。

各类工业用户采用天然气后的减排量（1Nm^3 天然气）　　表 7-3

序号	用途	SO_2（g）	烟尘（g）	NO_X（g）	CO_2（kg）
1	烧气窑炉（平炉、加热炉、隧道窑等）	47.6	14	15.4	3.98
2	冶金带焦（炼铁）	45.9	13.5	14.85	3.77
3	直接烧煤窑炉（倒焰窑除外）	45.9 ~52.7	13.5 ~15.5	13.5 ~15.5	3.77 ~4.60
4	倒焰窑	35.7 ~37.4	10.5 ~11	10.5 ~11	2.53 ~2.73
5	玻璃工业（灯工、熔化）	28.56 ~33.15	8.4 ~9.75	8.4 ~9.75	1.67 ~2.22
6	加热炉（锻炉与退火炉等）	25.5 ~30.6	7.5 ~9	7.6 ~9.2	1.29 ~1.91
7	烧结	32.98	9.7	10.3	2.20
8	食品工业	43.18 ~57.8	12.7 ~17	11.43 ~15.3	3.44 ~5.22
9	化学工业（加热、蒸馏、蒸发）	54.74	16.1	12.88	4.85
10	制药工业（针剂封瓶、片剂挂糖衣）	109.65	32.25	25.8	11.53

注：原煤低热值 22990kJ/kg（5500kcal/kg），型煤低热值 18830kJ/kg（4500kcal/kg），天然气低热值 35948kJ/m^3（8600kcal/m^3）。煤的含硫量平均按 1% 计算，油的热值 43950kJ/kg（10500kcal/kg）。煤的含硫量平均按 1% 计算，型煤的含硫量平均按 0.8% 计算，油的含硫量平均按 350mg/kg 计算，天然气含硫量平均按 10mg/m^3 计算。煤的平均燃烧效率按 85% 计算，燃油、燃气的燃烧效率按 100% 计算。

7.3　采用天然气后的经济性

工业用户采用天然气替代煤后，按替煤量与市场煤价格计算的天然气替煤经济效益见表7-4。由表中结果可以看出，对大多数以煤为燃料的工业用户来说，采用天然气比用煤燃料成本高。只有少数工业用户，用气的费用与用煤相近。

工业用户采用天然气后与煤比的经济性（1Nm³ 天然气）　表7-4

序号	用途	替煤量（kg）	购煤费（元）	购气费（元）	气与煤费之差（元）
1	烧气窑炉（平炉、加热炉、隧道窑等）	47.6	1.68	1.8	-0.12
2	冶金带焦（炼铁）	45.9	1.62	1.8	-0.18
3	直接烧煤窑炉（倒焰窑除外）	45.9~52.7	1.62~1.86	1.8	-0.18~0.06
4	倒焰窑	35.7~37.4	1.26~1.32	1.8	-（0.54~0.48）
5	玻璃工业（灯工、熔化）	28.56~33.15	1.01~1.17	1.8	-（0.79~0.63）
6	加热炉（锻炉与退火炉等）	25.5~30.6	0.9~1.08	1.8	-（0.9~0.72）
7	烧结	32.98	1.164	1.8	-0.636
8	食品工业	43.18~57.8	1.524~2.04	1.8	-0.276~0.24
9	化学工业（加热、蒸馏、蒸发）	54.74	1.932	1.8	0.132
10	制药工业（针剂封瓶、片剂挂糖衣）	109.65	3.87	1.8	2.07

注：原煤低热值22990kJ/kg（5500kcal/kg），天然气低热值35948kJ/m³（8600kcal/m³）。煤按600元/t，天然气按1.8元/m³。

由于采用天然气后，产品质量提高，产品的附加值也提高，对工业用户不能仅仅用燃料成本来衡量其经济型。不同类型的工业用户对燃气的依赖性也不同，因此，所能承受的天然气价格不同，对各类用户所能承受的价格分析如下。

7.3.1 工艺上必须使用燃气的工业

玻璃、艺术陶瓷、纺织、医药等工艺上必须使用燃气的企业，所能承受的天然气价格主要取决于液化石油气的价格和自建煤气站生产煤气的成本及当地的环保政策。如果当地的环保政策不允许自建煤气站，所能接受的天然气价格取决于单位产品的利润和生产单位产品天然气的耗量，以及引入天然气的建设投资，不同的地区所承受的最高天然气价格一般在1.8～2.7元/m^3。如果当地的环保政策允许自建煤气站或可用LPG，按等热量计算所能接受的天然气最高价格应该和自产煤气的成本持平或与LPG的价格持平，否则就会影响用户的使用。自建煤气站，一般为水煤气或发生炉煤气，由于生产水煤气和发生炉煤气对煤的粘结性、含灰量和粒度有一定要求，同时煤价上涨速度过快。因此，由于生产煤气的煤价格高于普通燃料煤，对中小规模的企业采用自建发生炉生产煤气，其成本一般高于天然气。目前天然气的价格也低于年LPG价格。总之，对于工艺上必须使用燃气的企业，一般来说目前采用天然气是最经济的。

7.3.2　工艺上可使用燃气的工业

有色金属加热和熔化、金属锻造、高档建筑陶瓷、搪瓷和食品行业，这些企业当使用燃气作燃料后，可以提高产品质量、降低能耗和降低成本时，天然气将成为其首选燃料。这些企业一般都采用柴油、重油和电能。对于这些用户，当天然气的价格低于柴油、重油和电能的价格，而且与分摊的引入天然气的工程建设成本之和不高于柴油、重油和电能的价格，企业会选择天然气作为能源，可用公式（7-1）表示。

$$p_g = p_f - c \tag{7-1}$$

式中　p_g——为企业可接受的天然气价格（元/m^3）；

p_f——LPG、油、电折合为1m的当量天然气热量的价格；

c——天然气引入的建设费及设备改造费的分摊（元/m^3），受天然气接管距离和用气规模的影响。

目前随煤炭、油等燃料价格的大幅提高，而天然气的价格相对稳定。对于这类工业用户改进炉子保温措施，引进国外先进炉型，提高烟气废热的回收利用，天然气与其煤的竞争力越来越大，可承受的天然气价格提高到1.6～2.4元/m^3。由于使用天然气的总成本低于使用油，因此，天然气比油有竞争力。

7.3.3 用煤作燃料的工业

附加值较低的产品采用煤作燃料，采用天然气后，对窑炉通过技术改造和采用余热回收技术，热效率比用煤可提高一倍以上，同时可提高产品的质量。一般按热量计算天然气的价格是煤的3倍以内时，可采用天然气，一般天然气的价格不超过1.4元/m^3。否则，不能采用天然气。

7.4 工业用户对天然气的需求量

工业用户对天然气的需求量非常大，原则上各类工业用户都可使用天然气，使用天然气后可提高热效率，节约能源，提高燃烧系统控制的自动化程度。但由于天然气是优质燃料，价格比煤高很多，只有那些工艺上必须使用燃气，或使用天然气后对产品质量明显提高，产品附加值的增加超过燃料费的增加时，可大量使用天然气。工业用户对天然气的需求潜力远远高于居民用户和商业炊事用气，根据中石油的调研报告我国工业企业对天然气的潜在市场需求高达2000多亿m^3。根据国外经验，用于工业燃料的气量一般在天然气消费结构中占30%~40%。

7.5 负荷不均匀性情况

工业用户的不均匀性受季节影响不大，冬季比夏季略高。季节不均匀性和日不均匀性主要受大修和节假日影响。工业用户的小时负荷不均匀性主要与工艺特点和生产班制有关。图7-1，图7-3和图7-5分别是不均匀系数法计算的工业一班、二班、三班工作制的小时用气负荷变化曲线，图7-2，图7-4和图7-6分别是工业一班、二班、三班工作制的小时用气负荷变化的延时曲线。

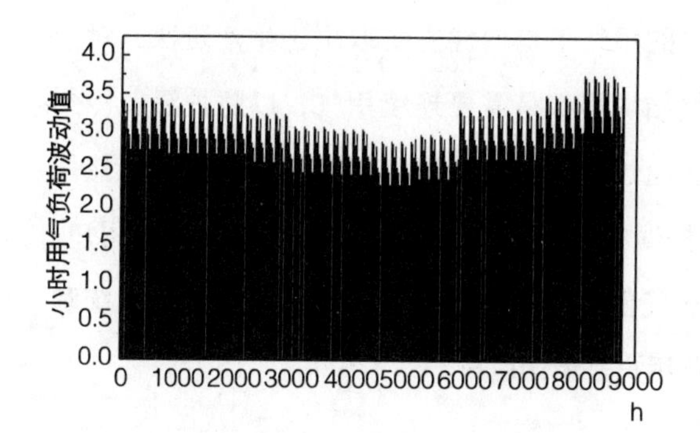

图7-1　计算工业一班工作制小时负荷波动图

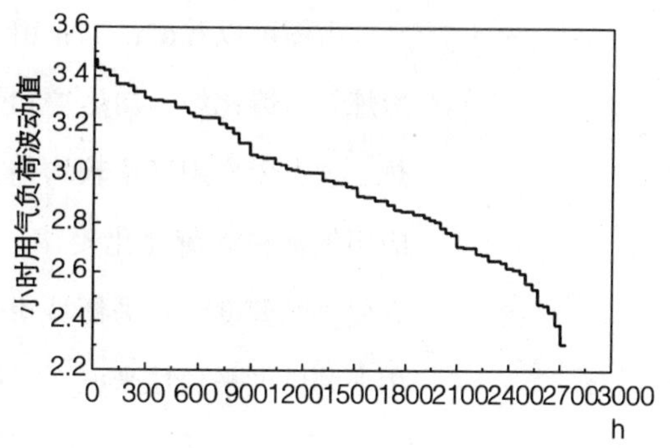

图7-2　计算工业一班工作制小时负荷延时曲线

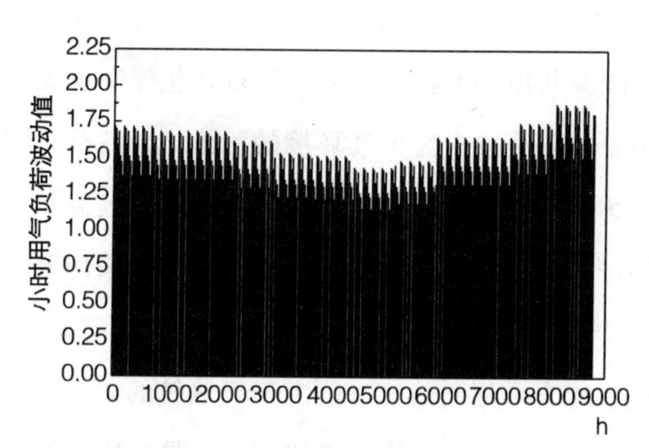

图7-3　计算工业二班工作制小时负荷波动图

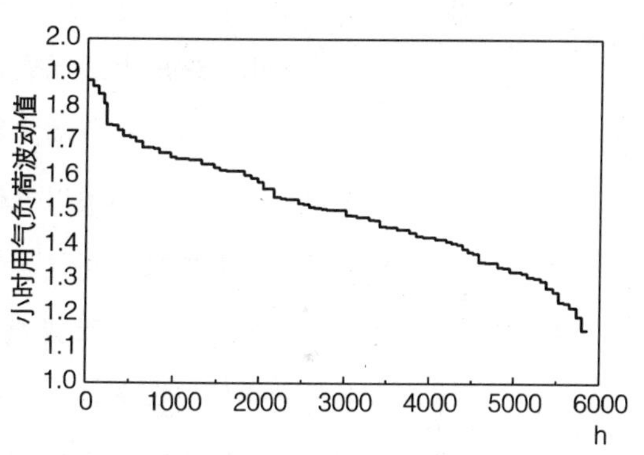

图7-4　计算工业二班工作制小时负荷延时曲线

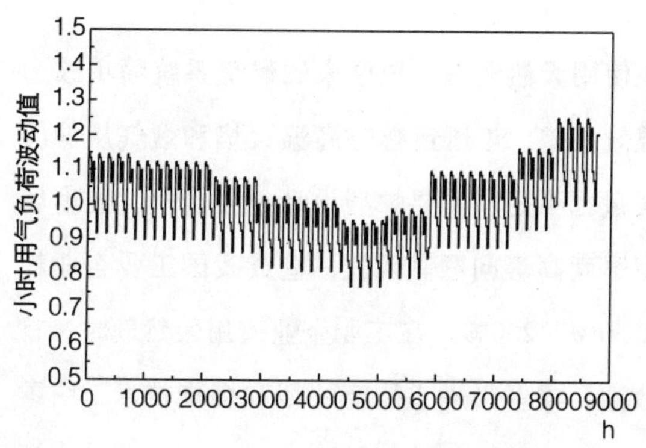

图7-5　计算工业三班工作制小时负荷波动图

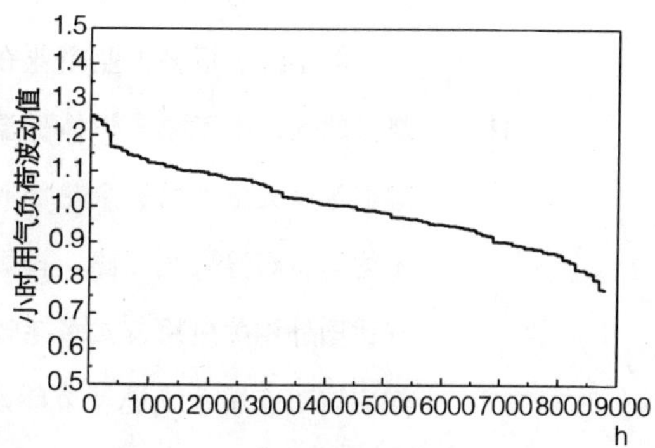

图7-6　计算工业三班工作制小时负荷延时曲线

由图可以看出，工业用户的用气不均匀性主要取决于生产班次，对于冶炼炉、熔化炉、加热炉和烧结炉等都是需要连续用气，以防炉温忽冷忽热。这类用户用气比较均匀，通过调整生产计划和生产班次可调节天然气的用气量和负荷变化规律。根据气源供应能力发展一定比例的工业用户，方便供气调度，对平衡城市燃气供应的不均匀性非常有力。从供气系统利用率和供气平稳性来说，工业用户是最佳用户。

7.6 对原有产品生产方式的影响

工业用户采用天然气后，能源利用效率提高，生产的自动化程度也提高，减少能源供应的劳动力数量，显著减少对大气环境的污染，提高产品的质量。对工艺上必须以气体为燃料的用户，采用天然气后，经济效益和环境效益显著提高，在气源保证的条件下，优先采用天然气。对于采用天然气后，产品质量显著提高，产品附加值增长超过原料成本增长的工业，在条件允许的前提条件下，也要优先采用天然气。但由于天然气的成本高于煤炭，对原来以低成本的煤为燃料的工业，将会造成产品的燃料成本大幅上升，使许多产品因燃料成本过高，失去市场竞争力，是否采用天然气要经过全面的经济分析后确定。

但是由于很多工业企业在使用天然气时，把原来的燃烧系统简单改为烧天然气，由于原来炉体保温效果差，正压运行时高温火焰和烟气从炉门缝隙等处大量外泄，余热回收量也不足，需要炉型设计也不合理，温度场不均匀，高温烟气短路，排烟温度高等问题。因此，造成我国工业企业耗气比国外相关应用方式多耗气 50% ~200%。在工业企业改用天然气时，首先应该对应用系统进行节能改造，或者引进节能新炉型和燃烧技术，注重高温烟气余热的高效利用。

第8章　采暖空调天然气用户

以天然气为能源的采暖方式主要有：燃气锅炉采暖、燃气辐射采暖、燃气热风采暖、燃气热泵（吸收式和压缩式两种）、燃气热电联供或电热冷三联供等形式。燃气锅炉采暖分为以下三种形式：家用燃气锅炉单户采暖、燃气锅炉一次网直供采暖、大型燃气锅炉房二次网间供采暖。燃气热电联供或电热冷三联供主要是分为热电冷联产技术（CHP，即 COMBINED HEATING POWER）和小型楼宇热电冷联产技术（BCHP）。本报告仅对燃气锅炉采暖、热电联产和直燃机采暖进行比较分析。

8.1　家用燃气锅炉单户采暖

8.1.1　家用燃气采暖锅炉

家用燃气锅炉采暖就是以每个住户为单位，采用家用燃气锅炉采暖。家用燃气锅炉主要用于取暖、洗澡和生活用水，属于多功能型燃气用具。

家用燃气锅炉按加热方式分：快速式和容积式燃气采暖锅炉。快速式家用燃气锅炉也称为壁挂燃气锅炉（图 8-1），是冷水流过带有翅片的蛇形管热交换器被烟气加热，得到所需温度的热水。组成：燃烧器、组合燃气阀、点火装置、控制器、换热器、膨胀水箱、水泵、安全阀、放气阀、风机、风压开关、烟道和其他保护装置，集锅炉与采暖运行控制于一体。容

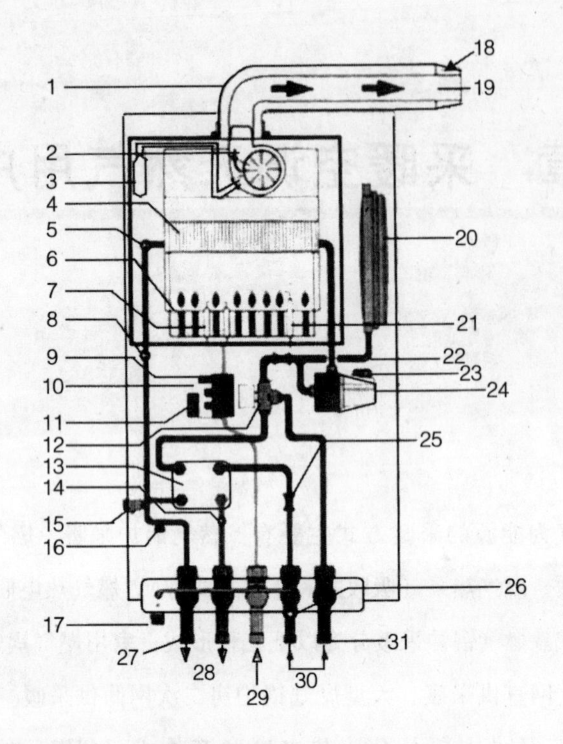

图 8-1　壁挂炉结构图

1—平衡式烟道；2—风机；3—风压开关；4—主换热器；5—过热保护；6—燃气燃烧器；7—点火电极；8—采暖温度传感器；9—燃气调节阀；10—燃气安全电磁阀；11—高压点火器；12—三通阀；13—生活热火热交换器；14—生活热水温度传感器；15—压力安全阀；16—缺水保护；17—泄水阀；18—空气进口；19—烟气出口；20—闭式膨胀水箱；21—火焰检测电极；22—采暖水水流开关；23—自动排气阀；24—循环泵；25—生活热水水流开关；26—补水阀；27—采暖供水接口；28—生活热水接口；29—燃气接口；30—冷水接口；31—采暖回水接口

积式燃气采暖锅炉内有一个 60～120L 的储水筒，筒内垂直装有烟管，燃气燃烧产生的热烟气经管壁传热加热筒内的冷水。

排烟方式有强制排烟和强制给排烟两种，其烟道一般为套管结构，内管将燃烧产生的烟气排出室外，外管从室外吸入燃烧所需的新鲜空气，并被烟气预热，排烟温度低，热效率高。强制排气式是普通型燃气锅炉。强制给排气燃气锅炉，一般采用强制供气完全预混式燃烧器。

取暖形式分开放式和封闭式两种。开放式家用燃气锅炉设外置或内置开放式水箱，采暖系统运行属常压运行；封闭式家用燃气锅炉在锅炉内部设置膨胀水箱和放气阀，采暖系统运行属有压运行，目前的家用燃气采暖炉主要是这种形式。

8.1.2　燃气采暖负荷

1. 单户燃气热水采暖负荷的特点

影响采暖负荷的主要因素有室内外温度、维护结构的保温性能、住户的外墙面积、相邻住户的采暖水平、朝向和通风量、采暖系统运行调节方式以及生活习惯等。单户燃气热水采暖具有很大的调节灵活性，用户可以根据自己的条件及实际需要在任何时间开启或关闭采暖系统，并且还可以只加热某个或几个房间。在夜间和家中无人的时间可使采暖系统处于防冻运行状态，从而省去了不必要的采暖耗热。

根据以上分析，单户燃气热水采暖负荷不仅受室内外温度及维护结构的影响，而且还与用户的工作性质、上班时间、家庭人口及人口组成、生活水平及习惯有很大关系。因此，单户燃气热水采暖负荷虽然也是随室外温度降低而升高的，但还受用户的多种随机条件的影响。

2. 燃气采暖耗热指标与耗气量统计分析

（1）统计对象：参加统计的采暖实验户为某小区共 100 户，统计了用户各小时耗气量及室内采暖温度等数据。四室 2 户、三室 12 户、二室 21 户、单室 1 户，其中位于顶层 8 户，底层 4 户，中间层 24 户。

（2）耗热指标：为了消除燃气种类和住房面积不同的影响，采用面积耗热指标，即单位时间、单位建筑面积采暖消耗的热量。根据统计资料可以得到采暖季各月及全年的平均面积耗热指标与耗气量。

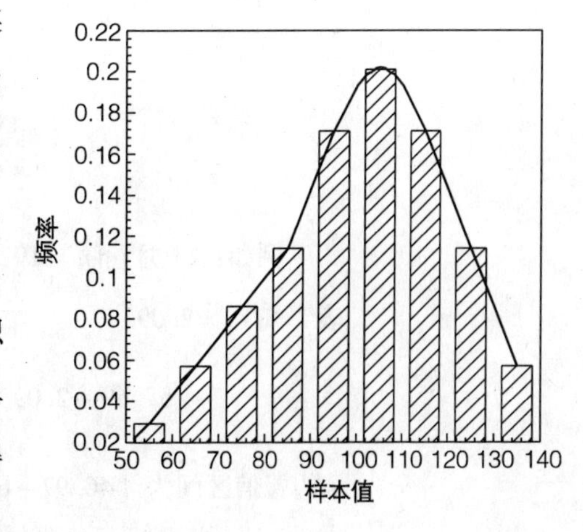

图 8-2　频率分布图

根据统计学中推荐的分组方法对 100 户的统

计数据分组，做出它的分布图（图 8-2），并对其分布状态进行判断。

从频率分布图上可以看出，该样本总体服从 t 分布。同理由其他各月份及全年的统计样本可得出相似的频率分布图，也就是说各月份及全年的耗热指标均为 t 分布总体，因此可对每个月份的面积耗热指标的均值 μ 做出区间估计。

$$\because \quad x \sim N(\mu, \sigma^2) \tag{8-1}$$

（表示随机变量 x 服从参数 μ 为均值，σ 为方差的 t 分布）

$$\therefore \quad \frac{(\bar{x}-\mu)\sqrt{n}}{S} \sim t(n-1) \tag{8-2}$$

（表示随机变量 $\frac{(\bar{x}-\mu)\sqrt{n}}{S}$ 服从自由度为 $n-1$ 的 t 分布）

式中 $\bar{x} = \frac{1}{n}\sum_{i=1}^{n} x_i$ （样本均值）

$S^2 = \frac{1}{n-1}\sum_{i=1}^{n}(x_i - \bar{x})^2$ （样本方差）

在 $\alpha = 5\%$ 的情况下对每个月及全年的面积采暖耗热指标进行区间估计，即置信度 $1-\alpha$ 为 95%。

则
$$P\left\{\left|\frac{(\bar{x}-\mu)\sqrt{n}}{S}\right| < t_{\frac{\alpha}{2}}\right\} = 1-\alpha \tag{8-3}$$

式中 $t_{\frac{\alpha}{2}}$——表示双侧 100α 百分位点。

又 ∵
$$\left|\frac{(\bar{x}-\mu)\sqrt{n}}{S}\right| < t_{\frac{\alpha}{2}} \tag{8-4}$$

$$\therefore \quad \bar{x} - t_{\frac{\alpha}{2}} \cdot \frac{S}{\sqrt{n}} < \mu < \bar{x} + t_{\frac{\alpha}{2}} \cdot \frac{S}{\sqrt{n}} \tag{8-5}$$

例如：11 月份 $n = 19$，$\bar{x} = 57.69$，$S = 22.32$，查 t 分布双侧位百分点表[4]知 $t_{\frac{\alpha}{2}} = 2.093$

$$57.69 - 2.093 \times \frac{22.32}{\sqrt{19}} < \mu < 57.69 + 2.093 \times \frac{22.32}{\sqrt{19}}$$

μ 的置信区间为［46.97～68.41］。

将各月份及全年面积采暖耗热指标置信区间的计算结果列于表 8-1。

面积采暖耗热指标置信区间 [kJ/(h·m^2)]　　表8-1

时间	样本数	样本均值	标准离差	置信区间	时间	样本数	样本均值	标准离差	置信区间
11月	19	57.69	22.32	[46.97, 68.41]	2月	35	71.52	11.62	[67.55, 75.49]
12月	33	73.90	20.06	[66.80, 81.01]	3月	34	50.37	13.46	[45.69, 55.47]
1月	35	99.19	18.14	[92.96, 105.42]	全年	36	76.24	14.84	[71.06, 81.26]

(3) 单户采暖用气量：根据表8-1面积采暖耗热指标，取天然气热值8500kcal/m^3，壁挂锅炉采暖热效率85%，表8-2为计算的各月与全年耗气量。在统计研究过程中，根据统计学中的随机抽样方法选取实验户，使样本容量、计算精度和调查内容均满足实际工程要求。其结果可以作为北京与天津气温类似城市采暖用气的参考数据。

单户燃气采暖面积耗气量　　表8-2

月份	平均耗气量(m^3/月 m^2)	耗气量(m^3/月 m^2)
11月份	0.69	0.56~0.82 (15d)
12月份	1.82	1.65~2.00
1月份	2.44	2.29~2.60
2月份	1.59	1.50~1.68
3月份	0.80	0.73~0.88 (20d)
全年	7.57	7.06~8.07 (125d)

图8-3为全年面积采暖耗热指标、置信区间及北京市建筑节能耗热指标。由图可以看出，燃气单户采暖的耗热指标接近北京市节能建筑的耗热指标，因此，这种采暖方式是节能的。

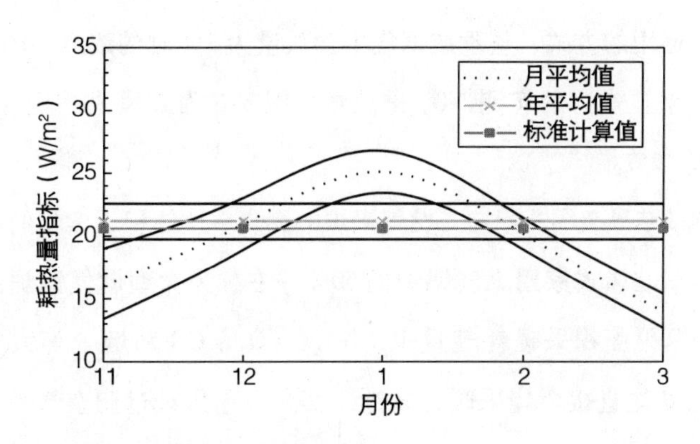

图8-3 建筑耗热量指标曲线图

8.1.3 采暖温度

单户燃气热水采暖负荷不仅受室内外温度及维护结构的影响，而且还与用户的工作性质、上班时间、家庭人口及人口组成、生活水平及习惯有很大关系。图 8-4 为统计的全年平均采暖温度。由图中房间常设温度区间燃气耗量图可知，接近一半的住户在家的时候将房间温度控制在 16 ~ 18℃之间，接近 40% 的用户将房间温度控制在 18℃以上，13.5% 的用户将房间温度控制在 16℃以下。

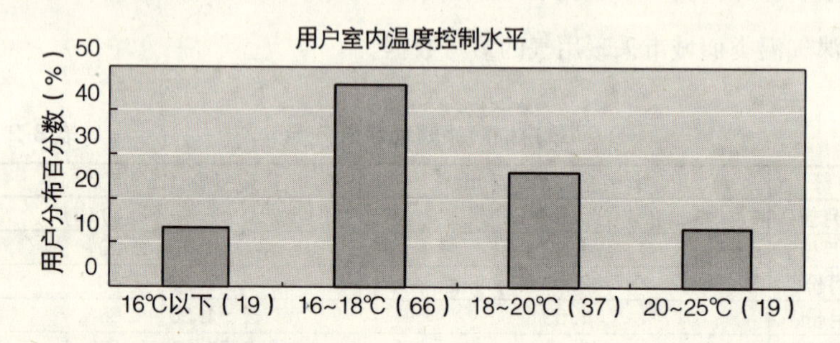

图 8-4　房间温度控制范围

8.1.4 NO_X 的排放量

采用燃烧烟气效率与成分分析仪（型号为 madar GA40 plus）对采暖炉的氮氧化物排放量进行了测试，测试表明鼓风式的 NO_X 排放量大于大气式。并按国际上通用的方式，整理成烟气中含氧量为 3% 时的浓度。图 8-5 为大气式燃烧（壁挂式）的实测 NO_X 排放量。图 8-6 为鼓风式燃烧（容积式）的实测 NO_X 排放量。

实际测试结果表明，壁挂式燃气锅炉的燃烧单位体积天然气的 NO_X 排放量平均为容积鼓风式家用燃气锅炉的 50% 左右，为大型燃气锅炉的 20% ~ 30%。由于单位面积采暖耗气量少，SO_2、CO_2、CO 和烟尘等大气污染排放总量也比其他直接燃烧采暖方式低。其主要原因是过剩空气系数高，燃

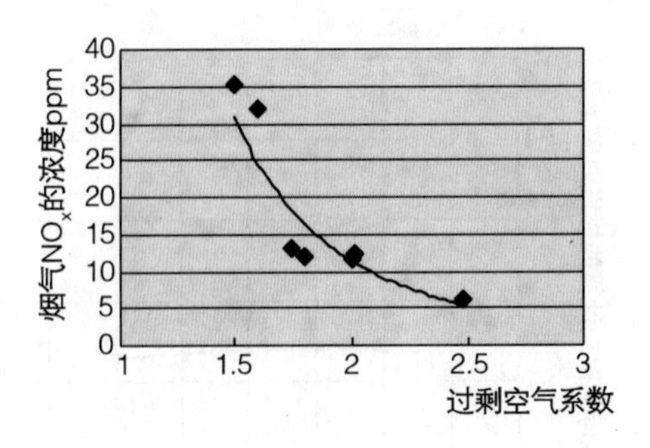

图8-5 壁挂式锅炉的 NO_X 排放量

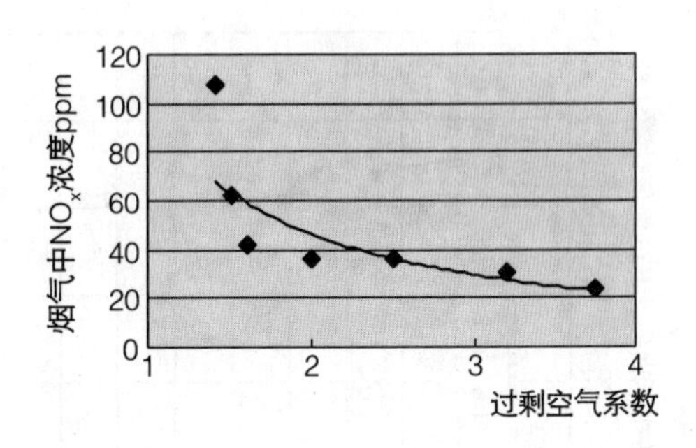

图8-6 容积式燃气炉 NO_X 的排放量

烧系统运行时间短，炉膛温度低，所以产生的 NO_X 排放量低。实际排放量与表8-3中欧美国家的家用燃气采暖炉 NO_X 排放标准比，壁挂炉 NO_X 排放达到了欧美国家低 NO_X 排放标准。但是，多数使用壁挂炉采暖的用户未对烟气进行有组织的排放，这会造成排烟口附近 NO_X 的浓度相对较高。

NO_X 排放的家用燃气采暖炉 NO_X 排放标准　　表8-3

国家	NO_X 排放标准	国家	高 NO_X 排放标准	低 NO_X 排放标准
美国	90ppm	日本	125ppm	60ppm
荷兰	60ppm	德国	113ppm	35ppm
罗地亚	85ppm	奥地利	122ppm	61ppm

8.1.5 排烟热损失

本研究用燃气燃烧烟气效率分析仪，对壁挂式和容积式两种类型的燃气采暖炉进行了测试，图8-7、图8-8为4台壁挂炉的测试结果。图8-7为韩国庆东牌壁挂炉的测试结果，可以看出，其过剩空气系数均不超过2.0，排烟温度一般较低，实测的4台炉子的排烟温度均低于90℃，排烟热损失较小，热效率也相对较高。图8-8为意大利依玛牌壁挂炉，过剩空气系数为2.48，排烟温度较高，排烟热损失较大，热效率相对较低。因此，不同厂家的壁挂炉在热效率方面差异较大，这与其产品特性紧密相关。

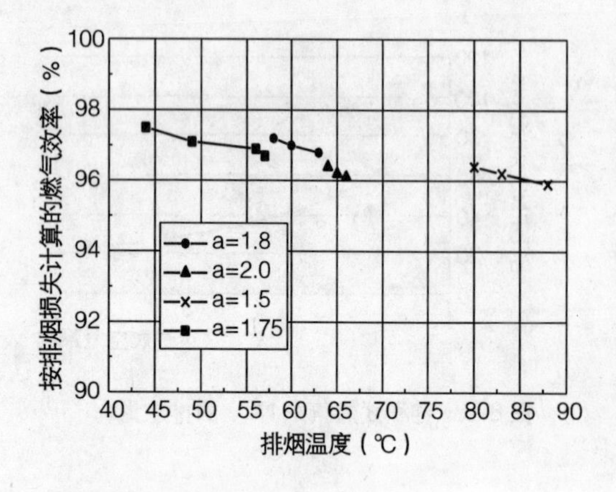

图 8-7　壁挂炉排烟温度

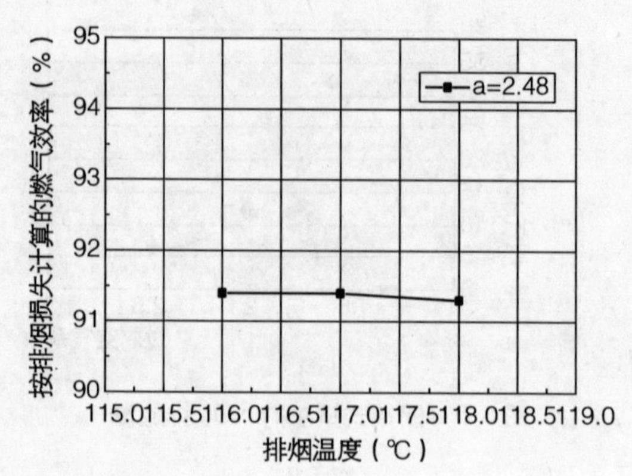

图 8-8　壁挂炉排烟温度

图 8-9、图 8-10 为容积式家用燃气采暖炉的实测结果。由图可以看出，所测的 4 台容积式家用燃气炉的排烟温度比壁挂式高，相应的热效率也低。其原因是无烟气预热，排烟温度高，排烟损失比壁挂炉高。

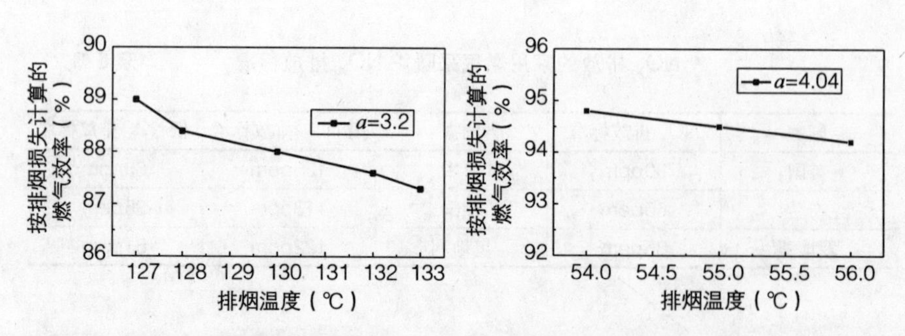

图 8-9　容积式家用锅炉排烟温度

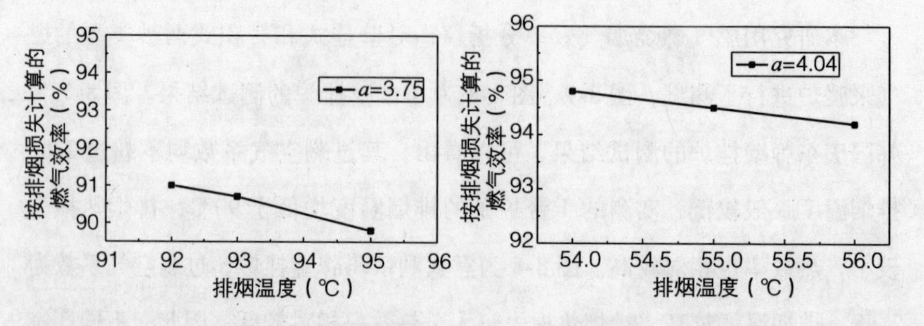

图 8-10　容积式家用锅炉排烟温度

通过对壁挂式和容积式两种类型的燃气采暖锅炉测试，排烟热损失较小，热效率高。壁挂式锅炉的实际测试结果表明过剩空气系数在1.5～2.5之间，不同的炉子在不同的运行状态排烟温度为55～135℃，按低热值计算采暖热效率在91.5%～97%之间（炉体散热也被看作用于室内采暖），平均热效率在95%左右，其原因是有烟气预热空气系统，排烟温度低换热面积大，有前强制鼓风系统，对流换热系数大。容积式由于无烟气预热，排烟温度高，排烟损失比壁挂炉高，实际测试结果表明容积式家用燃气炉过剩空气系数在2.5～4之间，不同的炉子在不同的运行状态下排烟温度为55～135℃，采暖热效率在87%～94.5%之间，平均热效率在92%左右，低于壁挂式，而且噪声大，NO_X 排放量高，占地面积大。

8.1.6 应注意的问题

全国在家用燃气锅炉的推广使用过程中，还存在一些问题，影响用户的正常使用，个别地区甚至出现安全问题，其主要原因如下：

（1）壁挂锅炉的质量问题

家用燃气采暖锅炉生产质量不统一，有的保护系统不可靠或不完全，没有质保体系。安全使用培训不到位，售后服务不到位，出现故障时影响用户使用。随国家标准的颁布，家用燃气采暖锅炉有统一的生产质量标准，将解决这一问题。

（2）燃气质量问题

对于应用人工煤气等杂质多的燃气时要注意，这些燃气质量变化大，杂质多，易将换热器堵塞，产生不完全燃烧，热效率显著降低，甚至沉积在控制阀门的阀芯、阀座上，使阀门关闭不严，产生不安全隐患，所以不宜用于壁挂炉。壁挂燃气锅炉宜采用天然气等洁净气源。

（3）安全保护系统问题

安全保障问题，家用燃气锅炉产生爆炸的原因有两个。一是采暖系统水冻结，如在严寒地区，有的用户外出，将家用锅炉关闭使炉内结冰，再次使用时由于保护系统不完善，一旦点燃，由于系统内水不能循环，炉内水汽化产生压力，当压力达到一定程度就会产生爆炸，爆炸又会破坏燃气管道，造成漏气而引起燃气爆炸或火灾，因此要求家用燃气锅炉的防冻装置安全可靠。二是燃气泄漏而引起燃气爆炸或火灾，这就要求燃气系统的安装质量一定符合有关标准要求，应由专业人员安装，确保燃气不泄漏，并设可靠的燃气泄漏报警装置。

（4）燃气供应系统问题

燃气采暖是季节负荷，存在季节高峰问题。燃气采暖负荷的计算还没有标准，需研究并制定有关计算标准。老管网供气能力适应性问题需解决，在管网区大量安装家用燃气锅炉，由于其供气能力的限制，不能满足燃气锅炉采暖的需求。

（5）烟气有组织排放问题

目前许多家用燃气锅炉烟气排放系统的安装不规范，不符合有关标准要求，排放物对室内外产生污染较严重，存在不安全隐患。因此应加强排烟系统安装的管理。家用燃气锅炉烟气排放系统应符合《家用燃气燃烧器具安装及验收规程》CJJ 12—99 等有关规范的条文及要求，确保烟气有组织的排放。

（6）用户反映的问题

用户反映比较多的问题是采暖管道接头漏水问题、燃气炉噪声大、室内温度比集中供热低、采暖费用高等问题。其中，采暖管道接头漏水问题反映的人数最多，超过了调查总人数的五分之一。另外，少数住户还反映了其他相关问题：燃气锅炉有时出现故障维修不到位，墙角渗水，结露发霉，燃气炉排气污染，门窗封闭不严，系统防冻浪费燃气，燃气锅炉有安全隐患，容积式燃气锅炉占地面积大，散热器布置不合理，防冻无法外出，燃气炉频繁启动等。

出现这些问题的主要原因是新建小区，在刚开始入住时，由于一些单户采暖系统不进行水压试验，所以刚开始用时接头漏水现象较多。在冬节开始时入住率低，一些用户的邻居未入住，所以维护结构的散热损失大，又因刚装修过，需经常开窗通风，这就造成用气量较大。由于燃气单户采暖，用户为了节省燃气，室内采暖温度平均低于集中采暖，因此位置不好的用户（特别是邻居未入住的用户）感觉到室内温度低，感到冷。由于房屋刚入住，在室温提高后，用石灰抹的墙面就会有水气析出，所以出现墙角渗水，结露发霉。当系统稳定时，系统防冻燃气用量很少，为了减少防冻燃气量，可以关小水循环系统的阀门，减少水流量，以减少燃气用量。当外出时间比较短时（1～2d），把锅炉设置在防冻状态即可。如果是在严寒地区长期外出，放锅炉的地方又会结冰，可以把系统的水放掉，再次使用时重新充水即可。燃气炉频繁启动这种现象属于炉子的特点。只要按规程生产、安装和使用，家用燃气锅炉不会有安全隐患。容积式燃气锅炉占地面积大，可选用快速式的。散热器布置不合理，可通过改进设计来解决。

8.1.7　结论

根据以上分析得出以下结论：

（1）节约能源

家用燃气锅炉效率高、功能多。单户燃气采暖具有很大的调节灵活性，使用完全独立，无锅炉房和热网损失。符合按热量收费的原则，可准确计量，用量可由用户自主控制，因而能促进能源的节约使用，这种供热系统的热效率高（一般在90%以上），避免了集中供热按面积收费造成的能源过渡浪费，节约燃气，同时采暖循环动力消耗低，节省电能。

（2）节省投资和维护费用

发展采暖后充分利用现有燃气管网设施，扩大供气规模，降低单位供气量所需燃气输配系统的投资，同时降低供气成本。减少城市地下热网和简化建筑内的管道，减少投资和维护费用，单位采暖面积的投资相对少。

（3）机动灵活建设和使用方便

对房地产开发商而言，建成的商品房很难一次全部卖出，就是同时卖出的房子，也很少一起入住。所以商品房往往都有一段入住率很低的时期，这种情况对集中供热是很难处理的，不供热用户会投诉，供热则能源浪费，亏损严重。而燃气分散采暖很好地解决了这一问题。甚至有的开发商利用燃气采暖的灵活性，房子卖出后再安装燃气采暖设备，既减少了资金占压，又避免了设备闲置而造成的一些不必要的浪费。在管道燃气够不到的地方，还可以利用液化石油气供应的灵活性，用钢瓶供气方式解决采暖问题。

（4）减少污染物排放量

单户燃气采暖直接使用洁净的一次能源，由于单位面积耗气量少，二氧化硫、NO_X、烟尘和 CO_2 排放量比其他直接燃气采暖方式少，由于各种燃气采暖的烟气都是低空排放，单户燃气采暖的低空污染相对也较低。同时减少运煤与煤灰的交通噪声污染与飘尘污染。

（5）运行安全可靠

现在，使用天然气的北京等城市，天然气单户分散采暖已经开始大面积使用，在这一采暖方式开始时出现的问题已得到解决，经过两年的调查研究没发现安全事故产生，是一种安全可靠的采暖方式，已开始被人们所接受。

提高天然气利用效率，减少污染物的排放量是保证可持续发展的关键，从节能、降低采暖费用和减少大气污染的观点看，高效壁挂燃气炉单户采暖是居民用户直接采暖的最佳方式。由于天然气质优价廉，采用单户分散采暖的平均运行费用与集中供热的费用相差不太多，居民家庭是能够承受的。

8.2 燃气锅炉集中采暖

燃气锅炉集中采暖分为模块化采暖和小型区域集中采暖。模块化采暖是一个建筑单元、一个建筑使用一个燃气锅炉房采暖称为模块采暖（也称为单元式燃气采暖），特点是锅炉安装在建筑物的专门房间内，一般在地下室或楼顶，自动运行，无人职守，单台锅炉的容量一般在0.1～1.4MW（0.15～2t）之间，每个系统供热面积在0.5～2万m^2之间。供热管网全部在室内，基本无热损失；小型区域集中采暖是多个建筑使用一个燃气锅炉房采暖，特点是用一次热网直供，单台锅炉的容量一般在1.4～7MW（2～10t）之间，每个锅炉房的供热面积在3～30万m^2之间。

8.2.1 特点

优点：模块化采暖系统建设灵活，燃气锅炉集中管理，方便维修。每个系统供热面积小，便于调节和控制。对于使用性质相同的建筑，特别是学校、办公楼等公用建筑，采用这种采暖方式根据建筑的使用特点，来调节控制采暖温度和采暖时间，特别是对不需防冻或防冻时间短的地区，根据作息时间控制采暖时间非常有效。在节假日或无人的夜间可降低采暖温度或停止采暖，节约燃气和运行费用。小型区域集中采暖外网规模小，无中间换热站，热损失和动力消耗小，易克服水力失调，节约能源，综合采暖效率一般在80%～90%之间，属于分散采暖，在欧、美是一种广为流行的采暖方式。烟气可集中排放。

缺点：占用单独的锅炉房，锅炉及锅炉房散热不能利用。对住宅楼不能直接实现分户计量；末端无调节装置，当室内过热时，用户一般开窗散热调节而不是关小暖气，有部分热量损失，一般占5%～10%，但低于区域燃气锅炉采暖，供热效率低于单户采暖，高于区域锅炉采暖，为了减少这部分热损失需另外加热计量装置。锅炉数量多，管理分散。NO_X的排放总量高于家用燃气锅炉采暖。

8.2.2 耗气量

由于区域燃气锅炉采暖有外网的热损失，平均的室内采暖温度也高于家用燃气锅炉单户采暖，目前一般不设有末端控制装置，产生一定的热量损失。因此，不论是采暖耗热指标和系统热损失都高于单户燃气采暖方式。

根据抽样调查北京市分散采暖的耗气指标为 9～11m³/m²。建筑耗气指标的主要影响原因有室内温度、围护结构的保温性能和密封性、建筑的外墙面积大小、外网的热损失、采暖系统运行调节方式以及锅炉的热效率等。

8.2.3 适用用户

这种采暖方式对公共建筑、商用建筑采暖和集中住宅区非常适合。在运行过程中，根据建筑的使用情况控制采暖温度和采暖时间，节约燃气，减少污染物排放量，降低了运行费用。

8.3 区域燃气锅炉采暖

8.3.1 区域供热

一个小区或几个小区的多个建筑共用一个燃气锅炉房采暖，采用二次热网，设有中间换热站，外热网规模较大，锅炉的容量在 7MW 以上。采暖面积从几十万平方米到百万平方米，烟气高空排放。

8.3.2 特点

优点：锅炉投资较分散采暖省，可实现集中管理，方便维修和用户，对污染物可实现高空排放。对煤改气项目，可利用直接原有的供热管网系统和锅炉房附属设备，节省初投资。

缺点：锅炉热效率相对较低，外网和换热站热损失及热媒输送动力消耗大，污染物排放总量大，系统调节不灵活，外网投资大，不能直接解决热计量问题。在建设初期系统利用率低。集中供热系统末端无计量和调节手段。统一按照供热面积收费。因水力失调造成部分用户采暖温度过高，当室内过热时，用户一般采用开窗散热法调节室温，造成 8%～15% 的热损失。特别是不同使用性质的建筑混在一起，按同一水平供热，由于无调节手段，办公楼、学校等夜间和假期照常供热，宾馆在无人时也照常供热，浪费能源。

8.3.3 耗气量

由于外网的热损失大于分散燃气锅炉采暖，平均的采暖温度也高于家用燃气锅炉单户采暖，供热不均匀性使用户热损失增大。根据北京地区实际调查结果，平均采暖的耗气指标 10 ~ 13m^3/ m^2。耗气量比其他两种方式高的原因主要是由外网和换热站的热损失大，水力失调严重和不同使用性质的建筑混在一起供热造成的。

8.3.4 适用用户

在欧美地区很少采用燃气锅炉进行区域集中供热，一般都是热电或冷热电联供。前苏联地区也逐步地把燃气过度集中供热，改为分散供热，以节约能源。

在污染物落地浓度要求较严格时，分散采暖排放污染物暖落地浓度超标时，可采用集中采暖。但对烟囱高度有要求，须经过计算确定。对于已有燃煤区域采暖改造为燃气采暖，为了减少初投资，经技术经济论证合理后，才可以直接将原有燃煤锅炉改烧燃气。有条件时逐步过度为分散采暖。

8.4 各种采暖方式的比较

本节根据本课题在北京市的调研结果为依据，对三种燃气锅炉采暖方式的投资、运行费用和污染物排放量进行系统的分析比较。

8.4.1 投资

以 100m^2 的采暖建筑面积作为分析单位，分析过程中锅炉及附属设备考虑备用，表 8-4 为投资分析结果。

三种天然气锅炉采暖方式的投资分析（元） 表8-4

项目	家用锅炉	分散锅炉（模块锅炉）	区域锅炉
面积（m^2）	100/户	100	100
锅炉房		1000~2000	1000~1500
锅炉	3500~6500	1500~2000	1000~1500
设备		1000~1500	500~1000
外管网		1000~1500	1500~2500
合计	3500~6500	4500~7000	4000~6500
平均	5000	5750	5250

注：不包括室内管网投资，本文认为三种方式的室内投资基本相同。

8.4.2 运行费

本运行费用分析是根据本课题在北京市的调研结果得出的，以100m^2的采暖建筑面积作为分析单位。分析过程中天然气的热值按8500kcal/m^3，表8-5为运行费用分析结果。

三种天然气锅炉采暖方式的运行费用分析（元） 表8-5

项目	家用锅炉	模块锅炉	区域锅炉
面积（m^2）	100/户	100	100
燃气费	1368元/760m^3	1638元/910m^3	1980元/1100m^3
电耗	78.3元/150kWh	104.4元/200kWh	156.6元/300kWh
水耗	32元/10m^3	192元/60m^3	256元/80m^3
盐费		3.4元/10kg	5.1元/15kg
维修费	150元	100元	150元
人工费		200元	130元
合计	1628.3元	2133.4元	2397.7元

8.4.3 投资与运行费用分析

三种采暖方式的投资相差不大，家用锅炉略低。家用锅炉可实现分户热计量和室温自动控制，每户节省分户计量表及温度自动调节阀2000元左右。家用锅炉还可供卫生水，节约电热水器或煤气热水器投资1000~1500元/户。综合比较家用锅炉采暖投资比其他两种方式低得多，分析结果适用于京津地区。家用燃气炉采暖费用最低，分散锅炉采暖居中，区域锅炉最高，且各种采暖方式相差较大。

8.4.4 污染物分析

利用天然气采暖的目的就是解决燃煤锅炉采暖的污染问题，排放的大气污染物只有 NO_X，SO_2、烟尘、CO 和 CO_2，没有煤灰、煤渣和运煤造成的污染。烟尘浓度主要来自空气和燃烧过程中产生的微量细尘，三种方式燃烧单位体积燃气产生的烟尘基本相同，总量区域采暖最多，分散锅炉次之，家用锅炉最少。烟气中 SO_2 浓度取决于天然气中的含硫量，一般天然气经过脱硫，含硫量很低，三种方式燃烧单位体积燃气产生的 SO_2 相同，排放总量是区域采暖最多，分散（模块）锅炉次之，家用锅炉最少。CO_2 的排放量主要取决于各种采暖方式的单位面积耗气量，三种采暖方式的排放量家庭采暖、分散采暖、区域采暖之比为 1:1.25:1.45。

NO_X 排放量主要受燃烧方式影响，目前燃气锅炉采用的燃烧器都不是专门设计的低 NO_X 燃烧器。在燃烧过程中产生的 NO_X 量主要与炉膛燃烧温度有关，燃烧温度越高，产生的 NO_X 量越大，燃烧温度越低，产生的 NO_X 量越小。表 8-6 为抽样测试的三种采暖方式燃气锅炉的 NO_X 排放量，由表可以看出 NO_X 排放量主要受燃烧方式和过剩空气量的影响。鼓风式燃烧由于火焰集中，燃烧温度高，所以 NO_X 生成量比燃烧温度低的大气式燃烧大，对同一种燃烧方式，过剩空气系数越大，燃烧温度越低，NO_X 生成量就越少。

三种采暖方式燃气锅炉的 NO_X 排放量　　表 8-6

燃气锅炉类型	燃烧方式	过剩空气系数	炉膛最高温度（℃）	NO_X（PPm）
壁挂家用锅炉	大气式	1.5~2.5	800~950	5~35
容积式家用锅炉	鼓风式	1.4~3.6	900~1100	21~70
模块化锅炉	鼓风式	1.3~2.1	1000~1200	45~110
区域锅炉	鼓风式	1.2~1.8	1100~1300	60~130

以一个1500m×1500m的居民小区为分析对象，总建筑面积为450万m^2，总建筑面积与总占地面积之比为2∶1。用高斯面源模型根据测试结果，对单户采暖、分散锅炉采暖和区域集中采暖多排放点和无组织低空排放的落地浓度进行估算，结果如图8-11。从图中可以看出，单户采暖排放的NO_X在地面大气中产生的浓度最低，分散采暖排放的NO_X在地面大气中产生的浓度高于单户采暖，区域采暖排放的NO_X在地面大气中产生的浓度取决于排放高度，当排放高度低于30m，NO_X的落地浓度高于单户采暖和分散采暖，当排放高度高于50m，NO_X落地浓度低于分散采暖，与单户采暖基本相同。这说明采用单户燃气采暖和分散燃气锅炉采暖，能降低NO_X排放总量，对保护大气环境有利，应该鼓励发展。

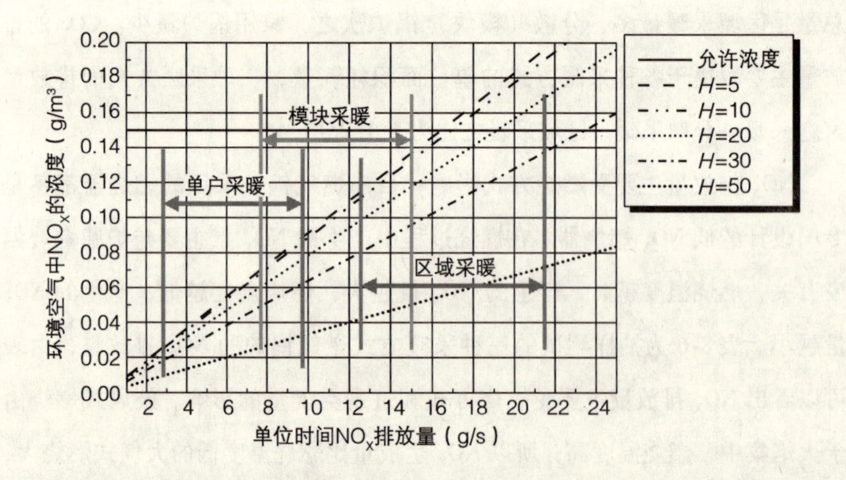

图8-11　三种采暖方式在地面大气中产生的NO_X浓度

用箱式模型对单户采暖、模块化锅炉采暖和区域、集中采暖多排放点和无组织低空排放进行估算，高度取20m，结果如图8-12。由图可以看出风速越大，NO_X的落地浓度越低。当风速小于1m，排放高度低于20m的区域锅炉，不能满足国家允许的空气中NO_X的含量的一级标准。

表8-7中为国家允许的空气中NO_X的含量。

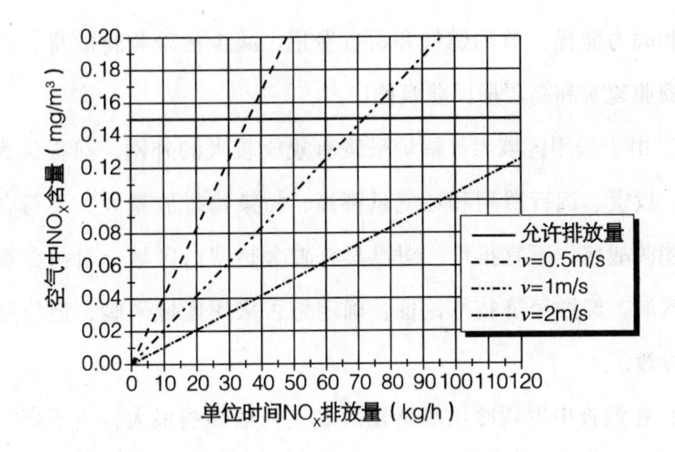

图8-12 不同风速时 NO_X 的落地浓度

国标环境中允许 NO_X 的含量　　表8-7

污染物名称	取值时间	浓度限值			浓度单位
		一级标准	二级标准	三级标准	
氮氧化物 NO_X	年平均 日平均 1小时平均	0.05 0.10 0.15	0.05 0.10 0.15	0.10 0.15 0.30	mg/m^3（标准状态）
二氧化氮 NO_2	年平均 日平均 1小时平均	0.04 0.08 0.12	0.04 0.08 0.12	0.08 0.12 0.24	mg/m^3（标准状态）

8.4.5 分析结论

根据调查结果分析得出以下结论：

(1) 采用分户小型燃气热水炉，可一家一户自成系统，同时解决了采暖和热水供应问题。从节能、降低采暖费用和减少大气污染的观点看，高效壁挂燃气炉单户采暖是低层居民建筑直接采暖的最佳方式。由于天然气质优价廉，采用单户分散采暖的平均运行费用与集中供热的费用相差不太多，居民家庭是能够承受的。存在的排烟问题应制定有关标准进行有组织排烟，应在新建低层建筑进行推广。

(2) 公共建筑和商业建筑的使用性质相同，采用燃气采暖应优先采用模块采暖，根据建筑的使用特点来调节控制采暖温度和采暖时间，无外网热损失和动力能耗，节约燃气和运行费用，减少污染物排放量，宜在公共建筑、商业建筑和高层居民建筑推广。

（3）由于采用区域燃气锅炉采暖有规模较大的外网，热损失大，不便于调节。投资、运行费用和耗气量都高，污染物排放量大，不符合可持续发展的能源战略，不宜推广。对已具有较大热网的区域，对污染物排放要求高的区域，经过经济技术论证，确定是否采用区域采暖，但应逐步向分散采暖过渡。

（4）在调查中发现冷风渗透量对燃气耗量影响很大，由于燃气采暖成本高，减少采暖燃气耗量是降低采暖费用的关键。对密封不严和保温效果不好的窗户应更换，最好采用密封和保温效果都好的双层塑钢玻璃窗，可节省10%～20%的燃气用量。

8.5 家庭燃气锅炉替代小煤炉

8.5.1 采用天然气后的效率

家庭燃气锅炉包括壁挂快速式燃气锅炉和容积式燃气锅炉，它具有效率高（一般在92%以上）、功能多。一家一户自成系统，可同时解决采暖和生活热水供应问题。采暖温度可自主调节，采暖时间可自行控制，无外网热损失。符合按热量收费的原则，可准确计量，能促进能源的节约使用，避免了集中供热按面积收费造成的能源过度浪费。根据对北京数百户家庭燃气锅炉采暖用户的调研表明，对于满足二期节能标准的建筑，在满足室内采暖温度为18℃的情况下，每平方米建筑面积每年的燃气消耗量平均在$8m^3$左右。

家庭燃气锅炉所替代的是家庭用蜂窝煤炉，这种小煤炉一般可同时用于采暖和炊事，污染严重，而且热效率低，只有30%～60%，如果只是用于采暖，对于满足二期节能标准的建筑，在满足室内采暖温度为18℃的情况下，每平方米建筑每年的燃煤消耗量平均在25～50kg。表8-8为家庭燃气锅炉替代家庭小燃煤炉后的替煤节能效果。

家庭燃气锅炉替代家庭小燃煤炉后的替煤节能效果　　表8-8

序号	替煤量（kg/Nm^3）	节煤量（kg/Nm^3）	节煤百分比（%）	说明
1	3.13～6.25	1.57～4.69	50.2～75.0	原煤变化范围
	4.69	3.13	66.7	原煤平均值
2	3.61～7.21	1.70～5.30	47.1～73.5	型煤变化范围
	5.41	3.50	64.7	型煤平均值

注：煤低热值5500kcal/kg，型煤低热值18830kJ/kg（4500kcal/kg），天然气低热值8600kcal/Nm^3，原煤的平均燃烧效率按85%计算，型煤的平均燃烧效率按90%计算，燃气的燃烧效率按100%计算。

8.5.2 采用天然气后对环境的影响

对于蜂窝煤采暖，采用的是型煤技术，和普通燃煤相比，燃用型煤时，减少烟尘74%～99%。但蜂窝煤采暖时，分散于千家万户的炉灶是城市煤污染的一个主要污染源，使用天然气可以有效防止环境污染，1m^3天然气替代燃煤后，可减少的排放量见表8-9。

1m^3天然气替代型煤后减少的排放量（g）　　表8-9

燃料类型	说明	烟尘	SO_2	NO_X	CO_2
原煤	范围	143.63～286.84	42.55～84.98	13.8～28.8	3700～9200
	平均值	256.26	63.70	21.61	6904
型煤	范围	38.89～77.85	40.17～80.15	11.78～25.95	3494～8689
	平均值	58.41	60.20	19.47	6520

注：煤的含硫量平均按0.8%计算，型煤的含硫量按原煤折算，天然气含硫量平均按10mg/m^3计算。

由表8-9看出天然气替代煤后，烟尘、SO_2等减排效果显著。

8.5.3 采用天然气后的经济性

采暖用户采用天然气替代型煤后，按替煤量与市场型煤价格计算的天然气替煤经济效益见表8-10。由表中结果可以看出，家庭壁挂炉采暖采用天然气比用型煤蜂窝煤采暖经济。

家庭壁挂炉采暖与蜂窝煤采暖的经济性（1Nm³ 天然气） 表 8-10

煤种	替煤量（kg）	购煤费（元）	购气费（元）	煤与气费之差（元）
原煤	3.13 ~6.25	1.72 ~3.44	2.0	-0.28 ~1.44
	4.69	2.58	2.0	0.58
型煤	3.61 ~7.21	2.17 ~4.33	2.0	0.27 ~2.43
	5.41	3.25	2.0	1.25

注：型煤按 600 元/t，选煤按 550 元/t，天然气居民用按 2.0 元/m^3。

8.6 燃气锅炉一次网直供

8.6.1 采用天然气后的效率

一次网直供燃气锅炉分单元模块燃气锅炉和小型区域燃气锅炉采暖，特点是用一次热网直供，外网规模小或者无外网（单元模块燃气锅炉），无中间换热站，热损失和动力消耗小，易克服水力失调，根据对北京数十家小型燃气锅炉采暖锅炉房的调研表明，燃气锅炉热效率一般在 85% ~93% 范围变化，大部分能达到 90%。

功率小于 1t/h 燃煤锅炉一般是立式锅炉，热效率在 40% ~60%，平均热效率取 50%。1 ~10t/h 燃煤锅炉一般卧式锅炉，链条炉排，锅炉功率越大，效率越高。1 ~4t/h 燃煤锅炉实际运行热效率在 50% ~70% 范围变化，平均热效率取 60%。4 ~10t/h 燃煤锅炉实际运行热效率在 60% ~75% 范围变化，平均热效率取 67%。表 8-11 为燃气锅炉替代一次热网直供燃煤锅炉后的替煤节能效果。立式锅炉和功率不大于 4t/h 的卧式锅炉替煤效果明显，功率大于 4t/h 的卧式锅炉替煤效果不明显。

燃气锅炉替代直供燃煤锅炉后的替煤节能效果（1Nm³ 天然气） 表 8-11

替代类型	说明	替煤量（kg/m³）	节煤量（kg/m³）	节煤百分比（%）
立式锅炉 功率≤1t/h	变化范围	2.35 ~3.52	1.96 ~0.79	55.7 ~33.6
	平均值	2.81	1.25	44.5

续表

替代类型	说明	替煤量（kg/m³）	节煤量（kg/m³）	节煤百分比（%）
卧式锅炉 1t/h＜功率≤4t/h	变化范围	2.01～2.81	0.55～1.25	27.4～44.5
	平均值	2.35	0.79	33.6
卧式锅炉 4t/h＜功率≤10t/h	变化范围	1.88～2.35	0.22～0.79	11.7～33.6
	平均值	2.10	0.54	25.7

注：煤低热值5500kcal/kg，天然气低热值8600kcal/Nm³。

8.6.2 采用天然气后对环境的影响

对于立式燃煤锅炉一般没有任何脱硫除尘措施，污染严重，对于10t/h以内的卧式的燃煤锅炉，一般应该安装脱硫除尘设施，常用除尘设备有旋风、多管、湿式除尘器，除尘效率一般在70%～95%，湿式除尘器还对烟气中的硫有一定的脱出作用，根据湿式除尘器的脱硫的循环水是否脱硫，对烟气的脱硫效率一般在10%～40%之间变化。使用天然气可以有效防止环境污染，1m³天然气替代燃煤后，可减少的排放量见表8-12。

1m³天然气替煤后平均减少的排放量　　表8-12

替代锅炉类型	单位	烟尘	SO_2	NO_x	CO_2
立式锅炉 ≤1t/h	g	161.57～107.87	39.15～58.64	10.03～15.65	2430～4536
	g	128.94	46.80	12.24	3238
卧式锅炉 ≤4t/h	g	12.46～17.42	29.02～40.35	8.26～12.10	2010～3660
	g	14.57	33.82	9.89	2763
卧式锅炉 ≤10t/h	g	9.17～11.48	27.05～33.82	7.63～9.89	1940～2880
	g	10.25	30.20	8.69	2380

注：型煤低热值5500kcal/kg天然气低热值8600kcal/Nm³。煤的含硫量平均按0.8%计算。

8.6.3 采用天然气后的经济性

采暖用户采用小型天然气锅炉替代小型燃煤锅炉后，按替煤量与市场煤价计算的天然气替煤经济效益见表8-13。由表中结果可以看出，小型燃气锅炉采暖替代直供燃煤锅炉采暖，燃料成本都上升，考虑到燃煤锅炉需要操作工多，还有煤渣外运费用等，立式锅炉的供热成本和燃气锅炉相差不大。

燃气锅炉替代直供燃煤锅炉采暖的经济性（$1Nm^3$ 天然气） 表 8-13

锅炉类型	替煤量（kg）	煤费（元）	气费（元）	煤与气费之差（元）	燃料费上升（%）
立式锅炉 ≤1t/h	2.35 ~3.52	1.13 ~1.56	1.8	－（0.24 ~0.67）	15.4 ~59.3
	2.81	1.35	1.8	-0.45	33.3
卧式锅炉 ≤4t/h	2.01 ~2.81	0.96 ~1.35	1.8	－（0.45 ~0.84）	33.3 ~49.6
	2.35	1.13	1.8	-0.67	59.3
卧式锅炉 ≤10t/h	1.88 ~2.35	0.90 ~1.13	1.8	－（0.67 ~0.90）	33.3 ~100
	2.10	1.01	1.8	-0.79	78.2

注：原煤按 480 元/t，天然气按 1.8 元/m^3。

8.7 燃气锅炉替代间供燃煤锅炉

8.7.1 采用天然气后的效率

采用二次热网供热系统规模较大，一个小区或几个小区的多个建筑共用一个锅炉房采暖，设有中间换热站，外热网规模较大。间供燃煤锅炉一般为 10t 以上的锅炉，锅炉的效率比较高，一般在 65% ~80% 之间，平均在 72% 左右，锅炉吨位越大，效率越高。表 8-14 为燃气锅炉替代二次热网间供燃煤锅炉后的替煤节能效果。

燃气锅炉替代间供燃煤锅炉后的替煤节能效果（$1Nm^3$ 天然气） 表 8-14

10t/h 以上燃煤锅炉	替煤量（kg/m^3）	节煤量（kg/m^3）	节煤百分比（%）
变化范围	1.72 ~2.12	0.16 ~0.56	9.30 ~26.41
平均值	1.91	0.35	18.32

注：型煤低热值 5500kcal/kg，天然气低热值 8600kcal/Nm^3。锅炉热效率按 65% ~80% 计算，锅炉的平均热效率按 72% 计算，燃气锅炉热效率平均按 88% 计算。

8.7.2 采用天然气后对环境的影响

对于大于 10t/h 的燃煤锅炉，多采用麻石文丘里水膜脱硫除尘器，除尘效率一般在95%以上，脱硫效率一般在30%～60%，1m³天然气替代燃煤后，可减少的排放量见表8-15。

1m³天然气替煤后减少的排放量 表8-15

10t/h以上燃煤锅炉	单位	烟尘	SO_2	NO_X	CO_2
变化范围	g	4.43～5.47	20.90～25.76	6.87～8.79	1775～2611
平均值	g	4.93	23.21	7.78	2172

注：型煤低热值5500kcal/kg天然气低热值8600kcal/Nm³。煤的含硫量平均按0.8%计算，排放烟气中的SO_2脱除到排放标准计算。煤锅炉燃烧效率按95%计算，燃气锅炉燃烧效率按100%计算。

8.7.3 采用天然气后的经济性

采暖用户采用大中型天然气锅炉替代燃煤锅炉后，按替煤量与市场煤价计算的天然气替煤经济效益见表8-16。由表中结果可以看出，大中型燃气锅炉采暖没有燃煤锅炉采暖经济。

燃气锅炉替代大中型燃煤锅炉采暖的经济性（1Nm³天然气） 表8-16

燃气锅炉	替煤量（kg）	煤费（元）	气费（元）	煤与气费之差（元）	燃料费上升（%）
变化范围	1.72～2.12	0.83～1.02	1.8	－（0.97～0.79）	116.9～77.5
平均值	1.91	0.92	1.8	－0.88	95.7

注：原煤按480元/t，天然气按1.8元/m³。

8.8 燃气蒸汽联合循环热电联产系统冬季工况

8.8.1 采用天然气后的效率

燃气热电联产系统替代燃煤热电联产系统，所发电力直接上网，冬季余热通过热网直接用于供热。燃气热电联产的组合方式很多，在各种组合方式中燃气蒸汽联合循环热电联产系统发电效率与热电综合效率及产能品质最高，本研究仅对燃气蒸汽联合循环热电联产方式进行分析。

燃气蒸汽联合循环热电冷联产发电效率一般可以达到30% ~45%，平均值取40%，供热效率一般可以达到35% ~45%，平均值取42%。表8-17为计算的燃气联合循环热电联产后的产能量。

燃气蒸汽联合循环热电联产的产能量（1Nm³ 天然气）　　表8-17

燃气热电联产	效率（%）	变化范围（kW）	平均值（kW）
电量	30 ~45	3.0 ~4.5	4
热量	45 ~35	4.5 ~3.5	4.2

1. 燃气蒸汽联合循环替代燃煤发电和燃煤锅炉供热

以燃煤电厂和燃煤锅炉热电分产作为评价燃气热电联产的标准，取燃煤电厂平均发电效率为35%，燃煤锅炉的平均热效率为75%，选比平均水平略高的效率有利于促进技术的进步。表8-18为按表8-17计算的燃气蒸汽联合循环替代燃煤发电和燃煤锅炉供热后的替煤节能效果。从表中可以看出替煤效果是比较明显，高于天然气纯替煤发电的节煤效果。

CHP替代燃煤发电与燃煤锅炉供热的替煤效果（1Nm³ 天然气）　表8-18

项目	燃气热电联产	替煤量（kg/Nm³）	节煤量（kg/Nm³）	节煤（%）
发电替煤	变化范围	1.34 ~2.01	—	—
	平均值	1.79	—	—
供热替煤	变化范围	1.16 ~0.73	—	—
	平均值	0.88	—	—
总替煤量	变化范围	2.50 ~2.74	0.94 ~1.18	37.6 ~43.1
	平均值	2.67	1.11	41.6

注：煤低热值5500kcal/kg，天然气低热值8600kcal/Nm³。

2. 天然气热电联产改为热电分产

如果将天然气热电联产改为热电分产，天然气的发电效率为55%，燃气锅炉效率88%，天然气热电分产获得与热电联产相同的热量与电量的耗气量见表8-19。由表8-19看出燃气热电联产比分产节约用气，能源利用率高于热电分产。

燃气热电联产改为分产后的耗气量（Nm^3 天然气） 表8-19

燃气热电分产	发电耗气量	供热耗气量	总耗气量
变化范围	0.55～0.82	0.51～0.40	1.06～1.22
平均值	0.73	0.47	1.20

3. 燃气联合循环热电联产替代燃煤热电联产

以表8-17燃气蒸汽联合循环热电联产的产能量与替代燃煤热电联产的方式对比分析；对于大中型燃煤热电厂有较高的发电与供热效率，取燃煤热电联产电厂的平均发电效率为25%，平均供热效率为50%。表8-20是以消耗1Nm^3天然气得到的电量为基准，与燃煤热电厂对比结果，按燃煤热电厂发电效率不能调节的情况分析计算，替煤量为与燃煤热电分产对比。由表8-20看出热电联产比热电分产一次能源利用率高，燃气联合循环热电联产替代燃煤热电联产，比燃煤热电联产节煤14%～30%左右，节能效果不如替燃煤发电与燃煤锅炉供热模式明显，就是说用燃气替代燃煤热电联产节能效果不高。

与燃煤热电联产、燃煤热电分产比较替煤节能效果对比 表8-20

热电联产类型	实际能耗	折煤量（kg）	节煤量（kg）	节煤率（%）	备注
燃煤分产	2.5kg	2.67	0.27	10.1	按4kW电，4.2kW热
燃煤联产	2.5kg	3.46	0.96	27.7	按4kW电，8kW热
燃气	1Nm^3	2.67	1.11	41.6	按4kW电，4.2kW热

注：煤低热值5500kcal/kg，天然气低热值8600kcal/Nm^3。

4. 燃气联合循环热电联产替代燃煤发电与燃气锅炉供热

以表8-17燃气蒸汽联合循环热电联产的产能量对燃气联合循环热电联产替代燃煤发电与燃气锅炉供热的方式分析，取燃煤热电厂的平均发电效率为35%，燃气锅炉的平均热效率为88%。表8-21为按表8-17计算的燃气蒸汽联合循环替代燃煤发电和燃气锅炉供热后的替煤节能效果。从表中可以看出替煤效果与燃气蒸汽联合循环替代燃煤发电和燃煤锅炉供热是基本一致的。

CHP 替代燃煤发电与燃煤锅炉供热的替煤效果（1Nm³ 天然气） 表 8-21

项目	燃气热电联产	替煤量（kg/Nm³）	节煤量（kg/Nm³）	节煤（%）
发电替煤	变化范围	1.34 ~2.01	—	—
	平均值	1.79	—	—
供热替煤	变化范围	1.01 ~0.82	—	—
	平均值	0.91	—	—
总替煤量	变化范围	2.35 ~2.83	0.79 ~1.27	33.6 ~44.9
	平均值	2.70	1.14	42.2

8.8.2 采用天然气后对环境的影响

1. 燃气蒸汽联合循环替代燃煤发电和燃煤锅炉供热

天然气联合循环热电联产取代燃煤发电与燃煤锅炉供热后，对大气污染物应该分为对大气环境减排和燃煤锅炉为城市内环境减排，1m³ 天然气替代燃煤后，可减少的排放量见表 8-22。

$1m^3$ 天然气替煤后减少的排放量 表 8-22

替代方式 CHP	说明	单位	烟尘	SO_2	NO_x	CO_2
发电减排量	变化范围	g	1.96 ~2.93	20.63 ~30.94	7.7 ~11.26	1814 ~3221
	平均值	g	2.61	27.56	9.92	2759
供热减排量 市内环境减排	变化范围	g	4.93 ~4.00	16.82 ~13.65	4.22 ~3.31	1200 ~820
	平均值	g	4.43	15.15	3.74	1000
对大气环境减排量	变化范围	g	6.89 ~6.99	39.08 ~42.18	12.05 ~13.51	3405 ~3907
	平均值	g	6.94	41.10	13.09	3760

注：型煤低热值 5500kcal/kg 天然气低热值 8600kcal/Nm³。煤的含硫量平均按 0.8% 计算，排放烟气中的 SO_2 脱除到排放标准计算。

2. 天然气联合循环热电联产取代燃煤热电联产

天然气联合循环热电联产取代燃煤热电联产，1m³ 天然气替代燃煤后，由于替代的燃煤热电厂设在城市内，所以天然气联合循环热电联产取代燃煤热电联产减排均为城市减排，可减少的排放量见表 8-23。

1m^3 天然气替煤后减少的排放量　　表8-23

CHP	单位	烟尘	SO_2	NO_X	CO_2
变化范围	g	3.64～3.99	39.08～42.18	12.05～13.51	3405～3907
平均值	g	3.88	41.10	13.09	3760

注：型煤低热值5500kcal/kg天然气低热值8600kcal/Nm^3。煤的含硫量平均按0.8%计算，排放烟气中的SO_2脱除到排放标准计算。

8.8.3 采用天然气后的经济性

采用燃气蒸汽联合循环替代燃煤热电联产后，按替煤量与市场煤价计算的天然气替煤经济效益见表8-24。由表中结果可以看出，燃气蒸汽联合循环的燃料成本高于燃煤热电联产的燃料成本。

天然气热电联产替代燃煤热电联产的经济性（1Nm^{3}天然气）　表8-24

CHP	替煤量（kg）	煤费（元）	气费（元）	煤与气费之差（元）	燃料费上升（%）
变化范围	2.50～2.74	1.2～1.32	1.6	－（0.4～0.28）	33.3～21.2
平均值	2.67	1.28	1.6	−0.32	25

注：原煤按480元/t，北京市规定热电联产天然气价格为1.4元/m^3，考虑到最近国家将天然气的气源价格提高0.15元/m^3，本分析天然气价格按1.6元/m^3。

8.9 楼宇式热电冷联产系统

8.9.1 采用天然气后的效率

楼宇式燃气热电冷联产系统（Building Cooling Heating and Power，简称BCHP）是为建筑物提供热、电和冷的现场能源系统。发电机组所发电力直接供应建筑物使用或者发电上网，但一般采取“并网不上网”的运行策略，发电后的余热用于制冷、采暖或者供应生活热水。

楼宇式燃气热电冷联产系统一般采用小型燃气轮机单循环、燃气微燃机或者内燃机组成的热电冷联产系统。热电工况对于单循环燃气轮机热电联产系统，发电效率在15%～40%，供热效率在40%～50%；对于内燃机热电联产系统，发电效率一般在25% ~40%，供热效率在40% ~45%。对于微燃机和斯特林发动机，发电效率可达30%，热电联产总效率为80%左右。因此，楼宇式燃气热电冷联产发电效率一般在15% ~40%之间，平均在30%左右，同时供热效率一般在40% ~50%之间，平均值取45%。以燃煤热电厂和燃煤锅炉电热分产评价楼宇式燃气热电联产的效果，取平均发电效率为35%，锅炉热效率为75%，选比平均水平略高的效率有利于促进技术的进步。表8-25为计算的楼宇式燃气热电联产的产能量。

BCHP的产能量（热电工况）(1Nm³ 天然气) **表8-25**

燃煤热电联产	效率（%）	变化范围（kW）	平均值（kW）
电量	15 ~40	1.5 ~4.0	3
热量	50 ~40	5 ~4.0	4.5

以燃煤电厂和燃煤锅炉热电分产作为评价楼宇式燃气热电联产的标准，取燃煤电厂平均发电效率为35%，燃煤锅炉的平均热效率为75%，选比平均水平略高的效率有利于促进技术的进步。表8-26为按表8-25计算的楼宇式燃气热电联产的替煤节能效果。从表中可以看出替煤节能效果比较明显。

BCHP的替煤节能效果（1Nm³ 天然气） **表8-26**

燃煤热电联产	替煤量（kg/Nm³）	节煤量（kg/Nm³）	节煤百分比（%）
变化范围	1.71 ~2.72	0.15 ~1.16	8.8 ~42.6
平均值	2.52	0.96	38.1

注：煤低热值5500kcal/kg，天然气低热值8600kcal/Nm³。

如果楼宇式天然气热电联产改为热电分产，天然气的发电效率为55%，燃气锅炉效率88%，天然气热电分产获得与热电联产相同的热量与电量的耗气量见表8-27。由表看出楼宇式燃气热电联产与分产用气基本相当，也就是说能源利用率基本一致。

BCHP热电联产改为分产后的耗气量（Nm^3天然气） 表8-27

燃气热电分产	发电耗气量	供热耗气量	总耗气量
变化范围	0.55～0.82	0.51～0.40	0.84～1.07
平均值	0.73	0.47	1.03

楼宇式燃气热电冷联产系统的电主要为自用，可减少8%～9%的电网输配损失。同时由于没有热网或者热网规模很小，可以避免5%～10%的热网损失和一定的输送损失。综合上述楼宇式燃气热电冷联产系统略高于燃气热电分产系统。缺点是发电的比例低，天然气有效利用低于联合循环系统，建议发电效率不宜低于25%。

8.9.2 采用天然气后对环境的影响

对于BCHP热电工况，$1m^3$天然气替代燃煤后，对大气环境可减少的排放量见表8-28。

$1m^3$天然气替煤后减少的排放量 表8-28

BCHP	单位	烟尘	SO_2	NO_X	CO_2
变化范围	g	2.47～3.96	26.31～41.87	8.08～13.13	1771～3262
平均值	g	3.66	38.79	11.91	2842

注：型煤低热值5500kcal/kg天然气低热值8600kcal/Nm^3。煤的含硫量平均按0.8%计算，排放烟气中的SO_2脱除到排放标准计算。

对于BCHP热电工况，$1m^3$天然气替代燃煤后，供热部分为城市环境减排，可减少的排放量见表8-29。

$1m^3$天然气替煤后城市内减少的排放量 表8-29

BCHP	单位	烟尘	SO_2	NO_X	CO_2
变化范围	g	2.01～2.38	11.63～25.12	4.85～7.88	1262～2258
平均值	g	2.20	23.27	7.15	1937

注：型煤低热值5500kcal/kg天然气低热值8600kcal/Nm^3。煤的含硫量平均按0.8%计算，排放烟气中的SO_2脱除到排放标准计算。

8.9.3 采用天然气后的经济性

采用BCHP替代燃煤热电联产（热电工况），按替煤量与市场煤价计算的天然气替煤燃料费的变化见表8-30。由表中结果可以看出，采用BCHP替代燃煤热电联产，燃料费平均上升约50%。

BCHP替代燃煤热电联产的燃料费变化（1Nm³ 天然气） 表8-30

BCHP	替煤量（kg）	煤费（元）	气费（元）	煤与气费之差（元）	燃料费上升（%）
变化范围	1.71～2.42	0.82～1.16	1.6	-（0.78～0.44）	95.1～37.9
平均值	2.22	1.07	1.6	-0.53	49.5

注：原煤按480元/t，天然气按1.6元/m³。

考虑的BCHP发电主要是自用，节省电费，在一定程度上可缓解燃料费上升带来的经济负担。当发电效率达到30%时，基本能与煤热电联产竞争。

8.10 采暖用户的容量

到2003年底，全国共有660个设市城市，其中已有321个城市建集中供热设施，占48.64%，全国供热面积为18.9亿m²，每年以10%以上的速度增加，估计目前全国供热面积约27亿m²。如果有10%的建筑采用天然气采暖，每年将消耗250亿m³ 天然气，也就说采暖用户的容量巨大，目前国内的天然气资源根本无法满足采暖用户的大量需求。

8.11 采暖用户的负荷波动情况

采暖负荷为季节性负荷，集中在采暖季这几个月中，采暖负荷的月不均匀性主要与该月的室外平均采暖温度有关，日负荷与该日的采暖温度有关，小时负荷随室外温度的变化而变。例如北京采暖负荷占 50% 以上，冬季最大日负荷与夏季最大日负荷相差 7 ~ 8 倍，小时负荷相差 12 ~ 13 倍。采暖负荷是各类负荷中波动最大的负荷，调节季节负荷不均匀性主要靠地下储气库解决。

图 8-13 为计算某市采暖日用气负荷波动规律，图 8-14 是计算某市空调日用气负荷波动规律，图 8-15 为计算某市热电冷联产日用气负荷波动图，热电冷联产负荷按发电负荷与热负荷或冷负荷同步变化。图 8-13 ~ 图 8-15 横坐标是时间天，纵坐标是日用气负荷波动值，即每天实际用气负荷与年平均日用气负荷之比。

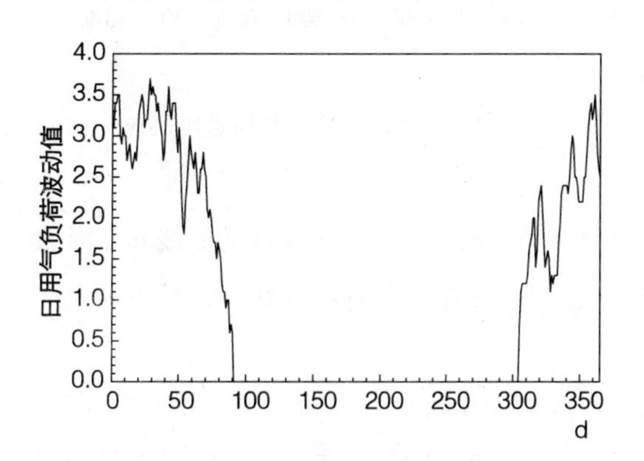

图 8-13　计算某市采暖日负荷波动图

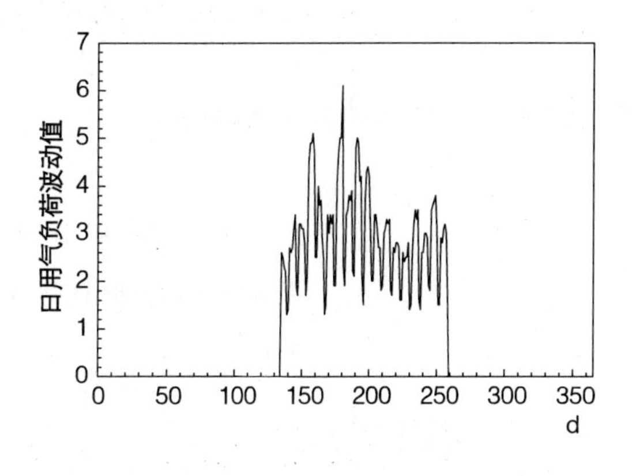

图 8-14　计算某市空调日负荷波动图

由图 8-13 ~ 图 8-15 看出采暖空调日用气负荷波动的情况，采暖、空调与热电冷季节性负荷日用气量波动大。当冬季采暖负荷比例过大时，增加夏季的空调负荷与发电负荷可减少夏季与冬季日用气负荷的波动范围。日用气负荷过大的波动，导致城市输配系统利用率低，增加了燃气供应成本，应该采取有效的措施增加淡季用气量，平衡燃气负荷的剧烈波动，降低供气成本。

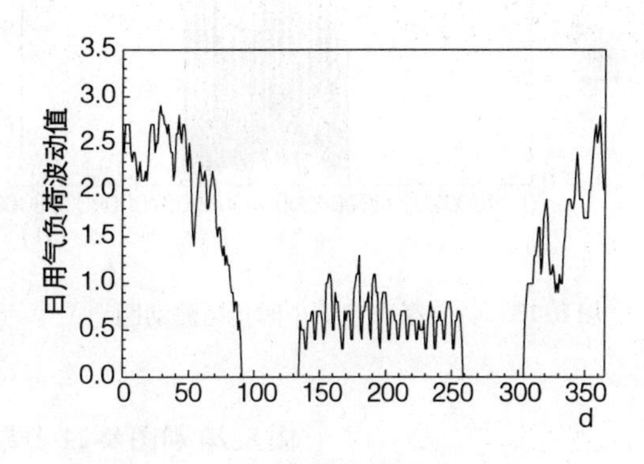

图 8-15　某市热电冷联产日负荷波动图

图 8-16 和图 8-17 分别为计算某市采暖小时用气负荷波动曲线和延时曲线，计算方法是根据 Dest 计算的某市采暖连续小时热负荷，转化为天然气小时连续用气量。

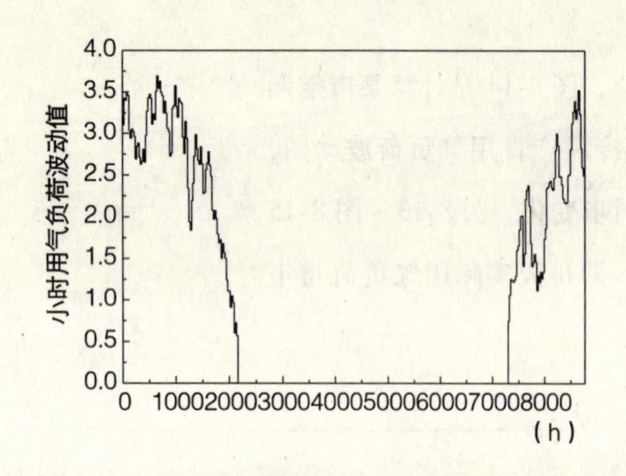

图 8-16　计算某市采暖小时负荷波动图

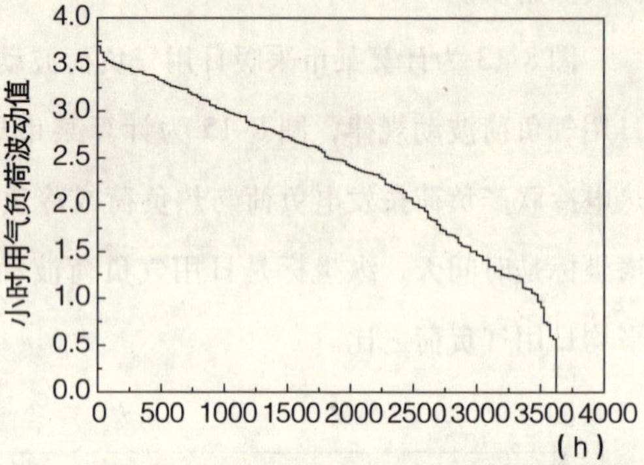

图 8-17　计算某市采暖小时负荷延时曲线

图 8-18 和图 8-19 分别为计算某市空调小时用气负荷波动曲线和延时曲线，计算方法是根据 Dest 计算的某市空调连续小时热负荷，转化为天然气小时连续用气量。

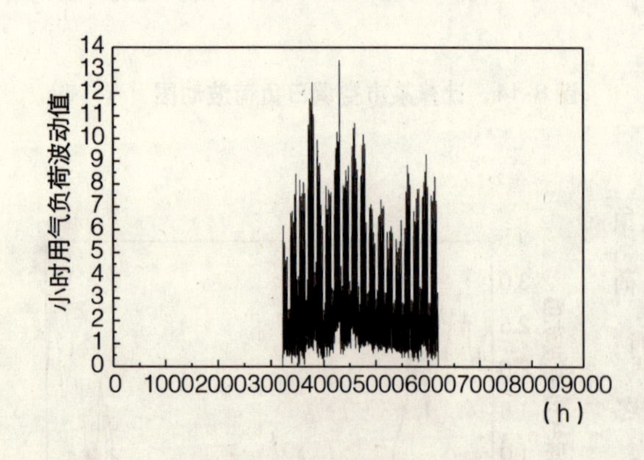

图 8-18　计算某市空调小时负荷波动图

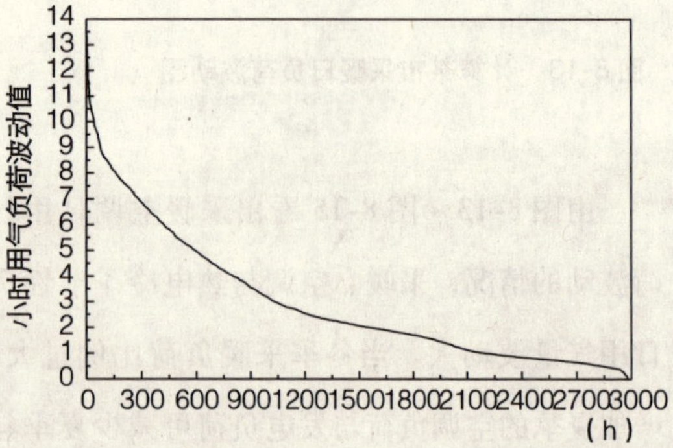

图 8-19　计算某市空调小时负荷延时曲线

图 8-20 和图 8-21 分别为计算某市热电冷联产小时用气负荷波动曲线和延时曲线，热电冷联产负荷按发电负荷与热负荷或冷负荷同步变化，最大

负荷热电联产小时用气量为最大负荷冷电联产用气量的2倍。

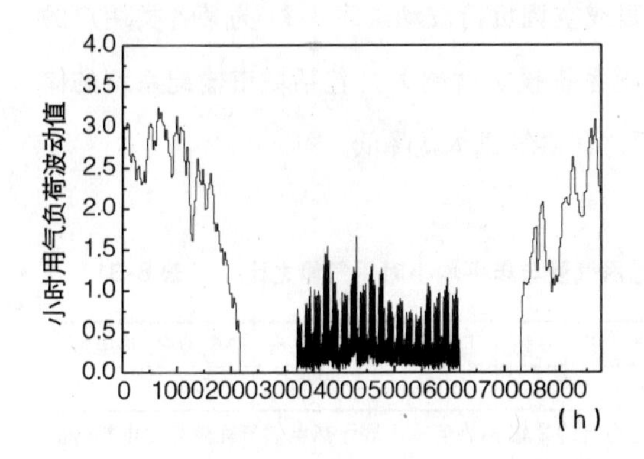

图8-20 计算某市热电冷联产小时负荷波动图

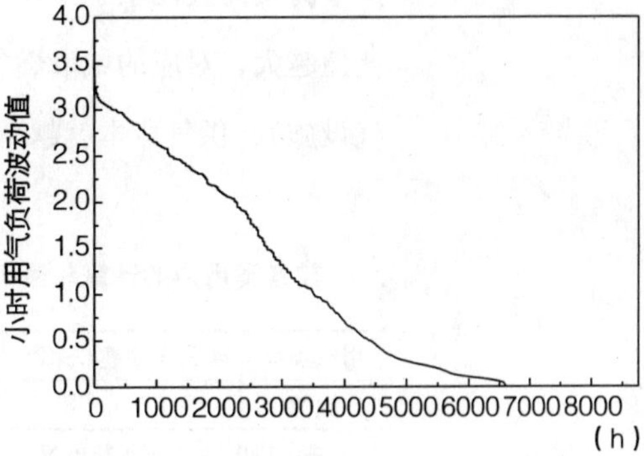

图8-21 计算某市热电冷联产小时负荷延时曲线

图8-22和图8-23分别为计算某市热电冷联产小时用气负荷波动曲线和延时曲线，热电冷联产负荷按发电负荷与热负荷或冷负荷同步变化，最大负荷热电联产小时用气量等于最大负荷冷电联产用气量。

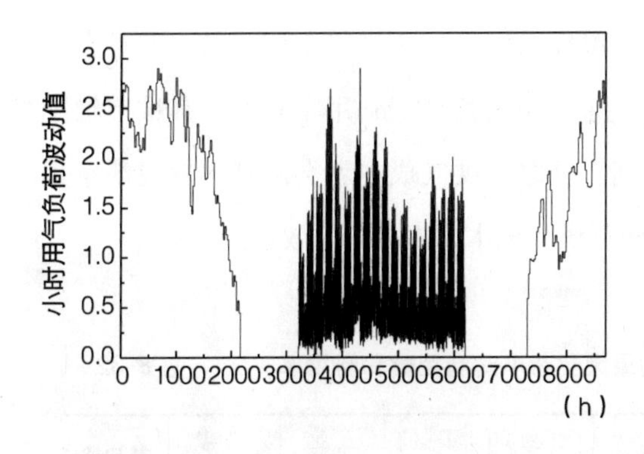

图8-22 计算某市热电冷联产小时负荷波动图

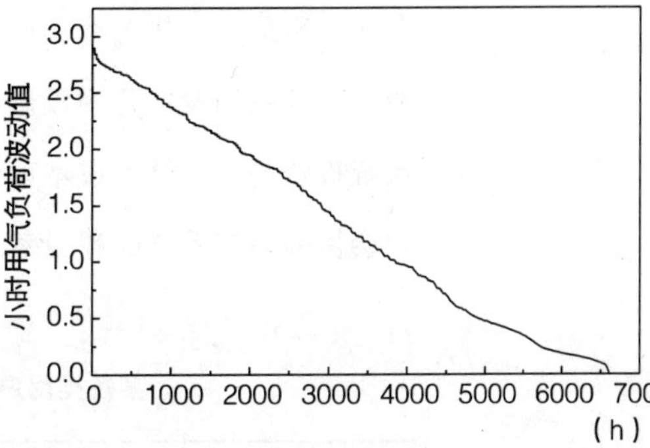

图8-23 计算某市热电冷联产小时负荷延时曲线

由小时用气负荷波动曲线图可以看出各类用户小时用气负荷波动的情况，空调小时用气负荷波动最大，工业三班制的小时用气负荷波动最小。表8-31为各类用户的计算年最大小时用气量与年平均小时用气量之比。比值越大表示小时负荷的波动性就越大，燃气空调小时用气量波动大，采暖、工业一班和居民与公共建筑小时用气负荷的波动范围基本相同，热电冷联产小时负荷波动小于单独的采暖或空调负荷波动。表 8-31 为某各类用户的比值越大，对应的城市燃气输配系统投资就越大（包括城市输配系统的储气设施），供气成本就越高。反之，供气成本就降低。

某各类用户的计算年最大小时用气量与年平均小时用气量之比　　表 8-31

用气类型	居民与公建	采暖	空调	工业一班	工业二班	工业三班	热电冷 2	热电冷 1
比值	3.67	3.70	13.33	3.76	1.88	1.25	3.24	2.90

注：热电冷 2 表示热电燃气耗量为冷电的 2 倍，热电冷 1 表示热电燃气耗量与冷电相等。

定义：各类用户的年用气量除以年最大用气小时数的商为最大负荷小时利用数，最大负荷小时利用数与全年小时数比值的百分数成为最大负荷小时利用率。由小时用气负荷延时曲线图可以算出各类用户最大负荷小时利用数和利用率。表 8-32 为某各类用户的最大负荷小时利用数和利用率。采暖、工业一班和居民与公共建筑最大负荷小时利用数和利用率基本相同，工业三班最大，热电冷联产高于单纯采暖。虽然燃气空调最低，但是在夏季，对管网的投资几乎没影响。除空调负荷外，利用率越低，其城市输配系统投资越大，供气成本就越高。反之，供气成本就会降低。发展淡季用户会提高输配系统的利用率，降低供气成本，提高供气效益。

某各类用户的最大负荷小时利用数和利用率　　表 8-32

用气类型	居民与公建	采暖	空调	工业一班	工业二班	工业三班	热电冷 0.5	热电冷 1
小时数	2383	2371	652	2330	4660	6983	2705	3022
利用率	27.2%	27.1%	7.1%（夏）	26.6%	53.2%	79.7%	30.9%	34.5%

如果采暖负荷过大，会造成采暖季小时用气负荷巨大的波动，导致城市输配系统利用率低，增加了燃气供应成本，应该采取有效的措施增加工业（包括发电）和制冷用气量。工业用户用气平稳，利用率高，供气成本

低。因此，对工业和制冷等用户应给优惠政策，平衡小时燃气负荷的剧烈波动，提高小时最大负荷利用率，降低总供气成本。

8.12 天然气用于制冷

以燃气为能源的空调设备简称燃气空调。燃气空调有三大类：一是利用天然气燃烧产生热量的吸收式冷热水机组；二是利用天然气发动机驱动的压缩式热泵（GEHP）；三是利用天然气燃烧热或烟气余热的除湿冷却式空调机。后两者目前正处于开发研制阶段，应用很少，不作分析讨论。

广义上的吸收式燃气空调有：燃气直燃机、燃气吸收式热泵、燃气锅炉+蒸汽吸收式制冷机、燃气锅炉+蒸汽透平驱动离心机、CCHP和BCHP（楼宇冷热电联产系统）等。由于燃气锅炉+蒸汽吸收式制冷机和燃气锅炉+蒸汽透平驱动离心机效率低，在实际中很少采用，本研究不作讨论。

8.12.1 燃气蒸汽联合循环热电冷联产系统夏季工况（CCHP）

8.12.1.1 采用天然气后的效率

燃气蒸汽联合循环热电冷联产系统制冷工况，所发电力直接上网，夏季即可以通过管网输送冷水到各个冷用户，也可以输送热量到各个用户，然后在末端制冷。发电效率一般为30%～45%，平均取40%，供热效率一般可以达到35%～45%，平均取42%，吸收式制冷机有单效机和双效机，一般单效机的COP在0.6～0.8之间，双效机的COP在1～1.25左右，由于联合循环中的热多数为温度较低的热，为了提高一次能源利用率，采用单效机和双效机结合，本分析中取平均COP为1，则制冷效率为35%～45%，平均制冷效率为42%。

联合循环制冷工况的比较对象应该是，燃煤电厂发电与压缩式制冷机制冷和天然气发电与压缩式制冷机制冷，压缩式制冷机所需电力由燃煤电厂提供，燃煤电厂的平均发电效率为35%，煤的供电效率为31.5%，天然气发电的效率取55%，输配电损失为10%，水冷式电制冷的综合 COP 取5。表8-33为燃气蒸汽联合循环替代燃煤电厂后的替煤节能效果，由表可以看出，替煤后比用煤有一定的节能效果。表8-34为燃气蒸汽联合循环替代燃气电厂后的耗气量对比，由表可以看出 CCHP 冷电工况比天然气发电与压缩式制冷机制冷工况平均多耗气11%左右，同时考虑的送冷温差小，输送损失和消耗大，不节能，从能源利用角度来看，不宜发展 CCHP 集中供冷。

CCHP 替代燃煤电厂后的替煤节能效果　　表8-33

CCHP 冷电	耗气量	替煤量（kg）	节煤量（kg）	节煤百分比（%）
变化范围	1Nm³	1.75～2.36	0.23～0.80	13.1～33.9
平均值	1Nm³	2.21	0.65	29.4

CCHP 替代燃气电厂后的耗气量对比　　表8-34

CCHP 冷电	实际耗气量（Nm³）	折算电厂耗气量（Nm³）	节气量（Nm³）	节气百分比（%）
变化范围	1	0.73～0.96	－（0.27～0.04）	－（37.0～5.0）
平均值	1	0.90	−0.10	−11.1

8.12.1.2　采用天然气后对环境的影响

采用 CCHP 冷电循环，$1m^3$ 天然气替代燃煤后，可减少的大气环境排放量见表8-35。

$1m^3$ 天然气替煤后减少的排放量　　表8-35

替燃煤发电	单位	烟尘	SO_2	NO_X	CO_2
变化范围	g	2.53～3.44	26.93～36.32	8.98～12.58	1920～3218
平均值	g	3.21	34.01	11.54	2844

采用CCHP冷电循环，$1m^3$天然气替代燃煤发电和用电制冷后，对城市的大气环境不仅不减排，而且增建排放量，减少排放量为负值，见表8-36。

$1m^3$天然气替煤后减少的排放量　　表8-36

替燃煤发电	单位	烟尘	SO_2	NO_X	CO_2
变化范围	g	-(0.035~0.045)	-(0.017~0.024)	-(1.98~3.17)	-(1750~1850)
平均值	g	-0.4	-0.02	-2.76	-1800

8.12.1.3　采用天然气后的经济性

采用燃气蒸汽联合循环替代燃煤电厂后，按替煤量与市场煤价计算的天然气替煤经济效益见表8-37。由表中结果可以看出，燃气蒸汽联合循环冷电的燃料费比燃煤电厂高出50%左右。

CHP冷电替代燃煤发电的燃料费变化（$1Nm^3$天然气）　表8-37

CHP	替煤量（kg）	煤费（元）	气费（元）	煤与气费之差（元）	燃料费上升（%）
变化范围	1.75~2.36	0.84~1.13	1.6	-（0.76~0.47）	90.5~41.6
平均值	2.21	1.06	1.6	-0.54	50.9

注：原煤按480元/t，天然气按1.6元/m^3。

如果在夏季采用燃气蒸汽联合循环冷电运行模式，用产生的余热作为动力制冷，为空调系统提供冷源，则由于热制冷的能源转换效率不高以及长途输送冷量的困难，在目前情况下这样做的能源利用效率并不高。因此，当需要采用大规模燃气热电联产方式供热时，应采用燃气—蒸汽联合循环系统。在冬季只运行燃气轮机发电，用余热锅炉产生的蒸汽为集中供热提供热量。这样的发电效率可达到35%，产热效率也可同时达到45%~50%。当春，夏，秋季停止供热时，余热锅炉产生的蒸汽进入汽轮机发电，成为燃气—蒸汽联合循环的纯发电电厂，根据电力负荷需求状况，决定发电量。这样既大大改善了天然气负荷的季节均匀性，同时对冬季低夏季高的电力负荷又能起到很好的调峰作用，是一种可行的天然气利用方式。

8.12.2 楼宇式热电冷联产系统

8.12.2.1 采用天然气后的效率

楼宇式燃气热电冷联产系统冷电工况一般采用吸收机用高温烟气制冷。以天然气发电为标准来评价，发电厂比BCHP高出的发电量用作制冷，取天然气的发电效率为55%，输电网损10%，水冷式电制冷的综合COP取5，BCHP的发电效率为15%～40%，平均取35%，制冷效率为25%～45%，平均取35%，两者的对比分析数据见表8-38。由表中结果可以看出BCHP在冷电工况比天然气发电和用电制冷一次能源利用率低很多，用于制冷工况不合理。

BCHP与燃气电厂的耗气量对比（1Nm³ 天然气） 表8-38

BCHP冷电	实际耗气量（Nm^3）	折算电厂耗气量（Nm^3）	节气量（Nm^3）	节气百分比（%）
变化范围	1	0.45～0.83	－（0.55～0.17）	－（122.2～23.5）
平均值	1	0.78	-0.22	-28.2

以燃煤热厂与电制冷评价楼宇式燃气冷电联产的效果，取平均发电效率为35%，输电网损10%，水冷式电制冷的综合COP取5，BCHP的发电效率为15%～40%，平均取35%，制冷效率为25%～45%，平均取35%。表8-39为折算的楼宇式燃气冷电联产的替煤量。由中结果可以看出BCHP在冷电工况比煤发电和用电制冷的平均一次能源利用率略高，当BCHP的发电效率低于30%时，综合BCHP的综合一次能源利用率将要开始低于用煤发电。此时，BCHP冷电工况天然气利用率很低。

燃气替代燃煤冷电联产的替煤节能效果（1Nm³ 天然气） 表8-39

BCHP冷电	实际耗气量（Nm^3）	折算电厂耗煤量（kg）	节煤量（kg）	节煤百分比（%）
变化范围	1	1.07～2.01	-0.49～0.45	-45.8～22.4
平均值	1	1.91	0.35	18.3

讨论分析：

（1）只有当天然气热电冷联产系统的发电效率为40%，系统整体能源利用率超过82%以上，系统工作于联产制冷模式下才具有一定的节能性。

（2）对于单循环燃气轮机热电冷联产系统，机组的发电效率很难达到40%以上，因此单循环燃气轮机热电冷联产系统相比于分产系统一般不节能。

（3）对于内燃机，发电效率可以达到40%，但是余热热量中有15%～20%左右的热量是以低温缸套水的形式出现的，这部分热量中90℃左右的冷却水只能用于驱动单效制冷机或者用于双效吸收式制冷机的低压发生器，而60℃左右的冷却水只能用于供生活热水，这样对于内燃机而言，热电冷联产相对于分产模式节能性也很有限。

（4）对于微燃机和斯特林发动机，发电效率为30%左右，且此时斯特林发动机大部分热量都为60℃左右的低温热水，不能用于溴化锂吸收式制冷，200℃左右的排烟所占热量份额小于10%，所以此时微燃机和斯特林发动机夏季制冷时都不节能。

（5）对于燃料电池热电联产系统，发电效率可达50%，热电联产总效率为80%左右，此时节能率13%左右，大型燃料电池正处于开发阶段，近期还不能市场化。

对于燃气轮机或者燃气微燃机组成的热电冷联产系统，只有当其发电效率大于36%，同时制冷效率大于46%时，其才相当于联合循环热电冷联产系统，对于单循环燃气轮机、内燃机组成热电冷联产系统（BCHP）而言，很难达到这个数值。总体上来说BCHP冷电循环不如天然气发电与压缩式制冷机制冷的模式能源利用率高。

8.12.2.2 采用天然气后对环境的影响

采用BCHP冷电循环，1m^3天然气替代燃煤后，可减少的排放量见表8-40。由表可以看出BCHP替代燃煤电厂对大气污染物的减排还有一定的效果。

$1m^3$ 天然气替煤后大气环境减少的排放量　　表 8-40

替燃煤发电	单位	烟尘	SO_2	NO_X	CO_2
变化范围	g	1.53～2.91	16.46～44.79	5.14～10.87	534～2602
平均值	g	2.77	29.40	10.26	2382

对城市环境减排量同 CCHP，见表 8-36。

8.12.2.3 采用天然气后的经济性

采用 BCHP 冷电替代燃煤电厂后，按替煤量与市场煤价计算的天然气替煤经济效益见表 8-41。由表中结果可以看出，BCHP 冷电冷电的燃料费比燃煤电厂高出 50% 左右。

BCHP 冷电替代燃煤发电的燃料费变化（单位：$1Nm^3$ 天然气）　表 8-41

BCHP	替煤量（kg）	煤费（元）	气费（元）	煤与气费之差（元）	燃料费上升（%）
变化范围	1.07～2.01	0.51～0.96	1.6	－（1.09～0.64）	213.7～66.7
平均值	1.91	0.92	1.6	−0.68	73.9

注：原煤按 480 元/t，天然气按 1.6 元/m^3。

在电价较高，燃气价格较低，楼宇式燃气热电冷联产系统纯发电运行比从电网买电经济时，从经济利益出发，楼宇式燃气热电冷联产系统就可能出现纯发电运行工况，而纯发电运行时，楼宇式燃气热电冷联产系统一定不节能，所以如果楼宇式燃气热电冷联产系统纯发电运行工况过多，也会导致系统不节能。

8.12.3 直燃机

8.12.3.1 采用天然气后的效率

燃气直燃机一般可以同时制冷、供热与卫生热水需求，一机三用，或者单独提供制冷，节省投资，一般由高压发生器、低压发生器、冷凝器、蒸发器、吸收器等主要设备组成，始终处于负压状态下运行。燃气直燃机的制冷 COP 一般在 1.1～1.35 之间，平均值取 1.2。供热工况与小型燃气锅炉基本相同。

燃气直燃吸收机的比较对象应该是，燃煤电厂发电与压缩式制冷机制冷和天然气发电与压缩式制冷机制冷，压缩式制冷机所需电力由燃煤电厂提供，燃煤电厂的平均发电效率为35%，电网的输配损失按10%计算，煤的供电效率为31.5%；天然气发电的效率取55%，输配电损失为10%，煤的供电效率为50%，水冷式电制冷的综合 COP 取5。表8-42为直燃机替代压缩式制冷机后的替煤节能效果，由表可以看出，一次能源利用率低于煤发电，用电制冷。表8-43为燃气直燃机替代燃气电厂后的耗气量对比，由表可以看出直燃机比天然气发电与压缩式制冷机制冷工况平均多耗一倍左右的气，从能源利用角度来看，直燃机不节能，不宜大规模发展。

直燃机替代燃煤电发电的替煤效果（1Nm³ 天然气）　　**表8-42**

直燃机	实际耗气量 (Nm³)	折算电厂耗煤量 (kg)	节煤量 (kg)	节煤百分比 (%)
变化范围	1	0.98～1.21	－(0.58～0.34)	－(59.2～28.1)
平均值	1	1.07	−0.49	−45.8

直燃机与燃气电厂的耗气量对比（1Nm³ 天然气）　　**表8-43**

直燃机	实际耗气量 (Nm³)	折算电厂耗气量 (Nm³)	节气量 (Nm³)	节气百分比 (%)
变化范围	1	0.44～0.54	－(0.56～0.46)	－(122.2～85.2)
平均值	1	0.48	−0.52	−108.3

8.12.3.2　采用天然气后对环境的影响

直燃机替代煤发电和用电制冷的方式，1m³ 天然气替代压缩式制冷后，可减少的大气环境排放量见表8-44。

1m^3 天然气替煤后减少的排放量　　表 8-44

直燃机	单位	烟尘	SO_2	NO_X	CO_2
变化范围	g	1.40 ~1.74	15.07 ~18.61	1.96 ~3.36	336 ~842
平均值	g	1.53	16.46	2.51	534

直燃机替代煤发电和用电制冷方式的减排量同 CCHP，见表 8-36。

8.12.3.3 采用天然气后的经济性

采用直燃机替代压缩式制冷机后，按替煤量与市场煤价计算的天然气替煤经济效益见表 8-45。由表中结果可以看出，直燃机替代压缩式制冷机后，没有燃煤电厂发电，所发电力用于制冷经济。

直燃机替代燃煤电发电的经济性对比（1Nm^3 天然气）　　表 8-45

直燃机	替煤量（kg）	购煤费（元）	购气费（元）	气与煤费之差（元）
变化范围	0.98 ~1.21	0.47 ~0.58	1.6	1.13 ~1.02
平均值	1.07	0.51	1.6	1.09

注：原煤按 480 元/t，天然气按 1.6 元/m^3。

8.12.3.4 该类用户的容量

燃气直燃机夏季用气，可以平衡燃气的冬夏峰谷差。根据北京市商业建筑的调研结果，夏季制冷每平方米建筑面积需要燃气约 7m^3 左右。根据这类用户的规划容量，可以计算出所需燃气量。

8.12.3.5 该类用户的负荷波动情况

该类用户的负荷波动情况取决冷负荷的波动情况，可参考 8.11。

综上所述，采用天然气直燃机作为空调制冷，替代电制冷机组的方式以及其他一些天然气发电同时制冷的方式，无论从城市减排，燃煤替代，还是从经济性，都是各种燃气应用中效益最差的。其仅有的优点就是夏季应用，有利于消减电力用电高峰，同时还有利于平衡燃气的冬夏负荷差。

然而从初投资、减排、经济性等各方面综合分析，使用天然气直燃机制冷不如在城市郊区建设天然气调峰电厂。因此如果非常需要增加天然气夏季负荷，改善天然气负荷的季节均匀性，就应该建天然气调峰电厂，增加城市供电能力，用于提供夏季空调用电。

第9章　汽车天然气用户

以天然气作为汽车燃料，在世界上已经有60多年的历史。天然气汽车同其他清洁燃料汽车相比，具有资源丰富、燃烧清洁、技术成熟、安全可靠、经济实用等优点。因此，在世界上有60多个国家得以快速发展。据欧洲天然气汽车协会不完全统计，到目前，全世界共计拥有天然气汽车283.7万辆，比2001年净增119.1万辆，增加了72.4%；拥有CNG加气站和小型CNG加气装置10689座，比2001年净增1849座，增加了21%。

中国天然气汽车于20世纪60年代在四川石油系统率先开发，目前在全国10多个省市都得到发展，特别是近几年发展很快。到2002年底，全国已拥有CNG汽车6.4938万辆，比2001年净增2.2292万辆，增加52.3%；CNG加气站267座，比2001年净增74座，增加38.34%；四川是全国天然气汽车开发最早、数量最多的地区。到2003年6月，在全国天然气汽车中，四川拥有4.2万辆，占全国天然气汽车的61%；CNC加气站150座，占全国CNG加气站的56.6%。

我国大力发展天然气汽车不仅可以缓解能源和环保压力，而且还可以促进我国汽车工业超越式的发展，具有重要的现实意义，实行燃料多元化，减少我国能源对中东的依赖，推广天然气汽车势在必行。

9.1　汽车采用天然气作燃料后的效率与替油量

通过对天然气汽车的试验和使用的有关数据资料表明，在相同的功率下，汽车采用天然气作燃料后，发动机的效率几乎与使用汽油相当；同车型的燃气汽车比燃油汽车最高时速下降5%左右，即最高时速为120km的汽油车使用燃气后下降为114km，这两种汽车的起步换挡曲线基本重合，无明显差别；而低温启动性能良好，机油寿命可延长一个周期。天然气的主要成分是甲烷、少量的烃类和二氧化碳，天然气的热值较高，同时从热能含量上看，1m^3的天然气相当于1.13L汽油的当量，若按液态相同体积计，则比汽油高12%。

9.2　汽车采用天然气后对环境的影响

天然气的主要成份是甲烷（CH_4），因产地不同，甲烷的成份在83%～99%之间，其余为乙烷、丙烷及丁烷。在采用相同的控制技术条件下，燃气汽车尾气中有害污染物的排放量大大低于汽油、柴油等传统石油燃料汽车，其中HC、CO、NO_X和SO_2的排放量大幅度下降，温室气体CO_2减少，微粒物、硫化物的排放极低，没有铅化物和烟尘污染，芳香烃、苯类的排放大大减少，基本无醛类物质排放，也不存在形成光化学烟雾的危险，HC排放物主要是饱和HC，汽车的噪声也很小。另外，因为燃气汽车的燃料系统是封闭的，所以不存在蒸发污染。汽车采用天然气后的减排效果见表9-1。

汽车采用天然气后的减排量（1Nm^3天然气）　　表9-1

SO_2（g）	烟尘（g）	NO_X（g）	CO_2（kg）	CO（g）	HC（g）
2.4～3.1	0.06	8.52～14.2	0.71	60.23	5.62～6.43

通过对天然气轿车的试验表明（与传统燃油汽车相比），汽车尾气中的CO_2排放量可降低19%~25%、CO可降低90%~97%、NO_X可降低30%~50%、HC可降低70%~80%、SO_2可降低70%~90%、微粒物减少40%左右。可以看出汽车采用天然气作燃料，环保效益十分明显。对于大中城市，由于汽车发展速度，汽车尾气已成为城市大气污染主要因素，应该大力发展天然气汽车。

9.3 采用天然气后的经济性

天然气汽车与传统燃油汽车相比经济性好，主要表现在以下几个方面：

（1）燃料热值较高：天然气的主要成分是甲烷、少量的烃类和二氧化碳，天然气的热值较高，同时从热能含量上看，1m^3的天然气相当于1.13L汽油的当量，若按液态相同体积计，则比汽油高12%。

（2）辛烷值高：天然气的辛烷值比较高，可高至120~130，故压缩比可以提高至11~12，热效率提高约10%。抗爆性能优于汽油，发动机燃用天然气时可以采用较高的压缩比（小尺寸发动机可取14），因此同汽油机相比，天然气发动机具有更好的经济性。

（3）发动机寿命长：天然气汽车因辛烷值高，燃气混合好，很少发生爆震现象，机件损坏少，而且不会破坏曲轴、连杆等运动摩擦件的润滑油膜，天然气工作时也不稀释润滑油，对汽车零件的磨损有利，噪声比汽油机低几个分贝。

（4）安全性能：由于燃气在车上的储存、传输和加注均在封闭的管道内进行，因此安全可靠，即使有微量泄漏，由于比重比空气轻，将在空中飘散，不可能形成可燃混合气。

（5）经济性：在大多数国家，天然气的价格只有汽油的50%左右，即使加上改装成本，燃气汽车的运行成本也只有传统汽油车的65%。按美NGV联合会（NGV）1999年7月的统计数据，与3.79L（1USgal）汽油等值的CNG的平均价格为89美分，比同体积汽油或柴油的价格便宜20%～25%。至于运营方面，1996年美Meqland州的B. cod公司，在与Washington Gas公司的合作下，参加了由DOE和NREL资助的CNG和汽油车的运营比较试验。10辆CNG燃料和10辆燃烧汽油的1996年产的Crown Victorias车，进行了几个月的运营试验，结果如图9-1所示。由试验结果得到的统计数据，CNG燃料汽车的每英里燃料费比汽油车低30%左右，维修费用低12%左右，总的操作费用低25%左右。按年运行8047km（50000ndl）计，每辆车一年就可省下1300美元。

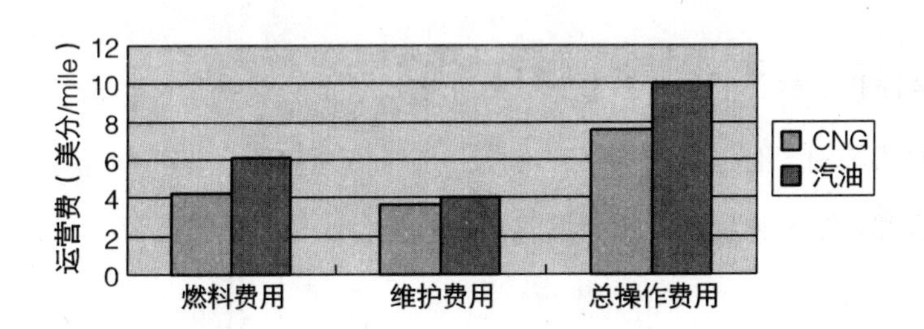

图9-1　CNG汽车与汽油车运营费用比较

注：1mile＝1609. 344m。

总之，汽车采用天然气作燃料后，不仅有很好的环保效益，而且经济效益十分显著。目前采用天然气作为汽车燃料，可降低燃料成本20%～30%。发展天然气汽车的问题是天然气加气站投资大于加油站，由于天然气加气站的储气压力大，一般在25MPa左右，由于对周围建筑物和构筑物的安全间距要求比加油站大，目前在市区内发展加气站有一定困难，但各部门应该协调好，做好城市天然气加气站的发展规划。大力发展城市天然气汽车不仅可以缓解能源和环保压力，而且还可以实行燃料多元化，减少我国能源对石油的依赖，推广天然气汽车势在必行。

9.4　汽车用户的容量

采用天然气做燃料的汽车主要是城市公交汽车和出租汽车，目前我国有660个设市城市，有公交汽车和出租汽车有近300万辆，如果有200万辆汽车采用天然气做燃料，每辆汽车按年行驶3万km，每辆汽车每年消耗天然气3000m^3，则每年可消耗60亿m^3天然气，如果考虑环卫、公务用车及私家车改用天然气，则每年需求超过200亿m^3天然气，市场情景较好。每个城市汽车用天然气的消费量，取决于天然气汽车加气站的建设情况和天然气汽车的数量。

9.5 负荷不均匀性情况

汽车用天然气的负荷季节负荷与日平均负荷较为均匀，一般在节假日，游客数量特别多时，用气量略有增加。小时负荷白天大于夜间。总体来讲，对每天和每个月来说汽车用天然气负荷是一种比较平稳的负荷。

9.6 发展天然气汽车对汽车工业的影响

对于大中城市，由于汽车发展速度，汽车尾气中的NO_X、SO_2、CO及可吸入颗粒物已成为城市大气污染主要因素，大力发展天然气汽车不仅可以缓解因城市汽车发展速度快造成的环保压力。同时由于汽车数量的迅速增加，石油的消费量显著增加，我国现在进口石油近亿吨，约占石油消费总量的三分之一，发展天然气汽车，实行燃料多元化，减缓进口石油的增加速度。发展天然气汽车，还可以促进我国汽车工业超越式的发展，具有重要的现实意义。同时，汽车采用天然气后，经济效益明显，节约燃料费用20%～30%。因此，推广天然气汽车势在必行。

第 10 章　化工原料天然气用户

天然气不仅是优质清洁的燃料，而且是重要的化工原料，天然气可以生产碳黑、化肥、乙烯等。目前我国用于化工原料的天然气约为 200 亿 m^3/a，主要用于化肥和化纤的生产。以天然气为原料生产合成氨和尿素是最经济的原料路线，全球约有 75% 的化肥是以天然气为原料生产的，生产化肥消耗的天然气约占天然气化工利用的 90%。我国的化肥只有 18% 左右是以天然气为原料生产的，而以煤炭、液态烃类和其他气态烃类为原料生产的分别占 67%、13%、2%，生产化肥消耗的天然气约占天然气化工利用的 94%。对用天然气作原料相对较多的典型化工产品分析如下。

10.1　天然气制合成氨

10.1.1　生产原理及工艺流程

天然气首先经脱硫工序除去各种硫化物，然后与水蒸气混合预热，在一段转化炉的反应管内进行转化反应，产生 H_2、CO 和 CO_2，同时还有未转化的 CH_4 和水蒸气。一段转化气进入二段转化炉，在此加入空气，除了继续完成 CH_4 转化反应外，同时又添加氨合成所需要的氮气，接着在不同温度下将转化气中的 CO 经高温变换和低温变换反应，使其含量降低到 0.3% 左右，再经过脱碳工序除去 CO_2，残余的 CO 和 CO_2 含量约为 0.5%，采用甲烷化的办法除去。然后，把含有少量 CH_4、Ar 的氢氮气压缩至高压，送入合成塔进行合成氨反应。

10.1.2 不同生产方法的经济比较

尿素造粒采用晶种造粒法生产大颗粒尿素，以提高尿素肥效。新建大型合成氨厂能耗（设计值）：天然气 28GJ/t 氨；渣油 38GJ/t 氨；煤 48GJ/t 氨。国内近几年不同原料合成氨厂的平均每吨产品能耗值见表 10-1。

不同原料合成氨厂的平均单位产品能耗值　　表 10-1

年份	大型厂氨能耗（MJ/t）		中小型厂氨能耗（MJ/t）	
	气头（m^3）	油头（kg）	中型煤头（kg）	小型煤头（kg）
1990	37510（1044）	41900（954）	63785（1775）	66323（1845）
1991	38690（1076）	40980（933）	63179（1758）	63349（1763）
1992	37962（1056）	41330（941）	63231（1759）	61407（1709）
1993	38280（1065）	41868（953）	63105（1756）	61250（1704）
1994	37639（1047）	41181（937）	64303（1789）	61429（1709）
1995	37850（1053）	40410（920）	63156（1757）	59291（1750）

注：原煤低热值 22990kJ/kg（5500kcal/kg），油的热值 43950kJ/kg（10500kcal/kg），天然气低热值 35948kJ/m^3（8600kcal/m^3）。

用天然气替代油头和煤头，折合节煤量和节油量见表 10-2。

用天然气替代油和煤的计算节油量和节煤量（kg/m^3）　　表 10-2

年份	油头	中型煤头（kg）	小型煤头（kg）
1990	0.096	1.10	1.21
1991	0.049	0.99	1.00
1992	0.073	1.05	0.97
1993	0.077	1.02	0.94
1994	0.077	1.11	0.99
1995	0.055	1.05	0.89

由表 10-1 和表 10-2 可知，以天然气为原料的能耗是最低的，约为煤头的 0.6～0.7 倍，为油头的 0.7～0.9 倍。

10.1.3　产品成本及经济分析

合成氨和尿素产品的成本，主要取决于原料的成本，所以原料成本直接影响其生产成本，表 10-3 为原料价格对产品成本的影响。

原料价格对产品成本的影响　　表 10-3

成本	天然气（元/m³）			渣油（元/t）			水煤浆（元/t）		
	0.5	0.8	0.9	600	900	1000	100	200	300
合成氨	780	1100	1210	1070	1430	1550	920	1060	1200
尿素	710	900	960	880	1090	1160	790	870	950

由表可见，当天然气价格不高于 0.8 元/m³ 时，以天然气为原料的工艺路线仍具有一定的竞争力。生产合成氨和尿素所能接受的天然气价格，主要取决于市场上生产合成氨和尿素的售价。

目前各市场的合成氨的具体价格行情为：尤日内离岸价 165 ~ 170 美元/t，中东离岸价 208 ~ 209 美元/t，加勒比海离岸价 212 ~ 216 美元/t，欧洲离岸价 200 ~ 210 美元/t，北非离岸价 191 ~ 201 美元/t。印度到岸价 233 ~ 296 美元/t，韩国到岸价 255 ~ 260 美元/t，东南亚到岸价 250 ~ 270 美元/t，美国海湾到岸价 250 ~ 255 美元/t，坦帕到岸价 240 美元/t，北非到岸价 275 ~ 280 美元/t。

合成氨与尿素是我国农业生产的重要物质，我国市场上合成氨与尿素的价格基本与国际市场接轨。尿素的出厂价 2002 年约 1200 元/t，2003 年约 1400 元/t，2004 年约 1700 元/t。市场上的零售价高于出厂价 100 ~ 200 元/t。国内市场化肥价格近年来上涨较大的原因是：（1）农产品价格上扬；（2）我国化肥出口量增大；（3）动力电以及煤、油、气等原材料涨价及紧缺；（4）也有一定市场库存因素。

随化肥市场价格的不断上升，对应天然气作为化肥生产原料的竞争价格也在上升。

10.2 天然气制甲醇

10.2.1 甲醇合成方法

甲醇合成方法分为高压法（19.6～29.4MPa）、中压法（9.8～19.6MPa）和低压法（4.9～9.8MPa）三种。

（1）高压法如BASF法。采用锌—铬催化剂，反映温度250～350℃。由于脱硫技术的进步，高压法中也有采用高活性的铜基催化剂，这样改善了合成条件，提高了合成效率。目前，高压法已被完全中低压法所取代。

（2）低压法如I.C.I.法和Lurgi法。采用铜基催化剂，反应温度230～270℃，铜基催化剂活性与选择性好，因而减少了副反应，提高了粗甲醇产品的质量。随着甲醇生产装置大型化，若采用低压法，会导致整个流程十分庞大，因而出现了中压合成方法。

（3）中压法如I.C.I.法和MGC法。中压法除合成压力高于低压法外，其他条件与低压法相同。由于压力的提高，相应的提高了甲醇的合成效率。

自20世纪70年代以来，所建装置基本上采用中低压法。中低压装置的能力占世界甲醇装置总能力的80%以上。以天然气为原料生产甲醇，三种不同方法的综合比较结果见表10-4。

天然气制甲醇，高、中、低压法的综合比较　　表10-4

方法	高压法	中压法		低压法	
	UKW①（29.4MPa，350℃）	I.C.I.（98.1MPa）	MGC（12.6MPa，270℃）	I.C.I.（4.9MPa，270℃）	Lurgi（4.9MPa，260℃）
单系列（t/d）	1000	1200	600	1000	600
投资②（万美元）		3250	与I.C.I.法接近	3750	1200
吨甲醇消耗					
天然气（原料及燃料，GJ）	36.8	33.5	33.9	33.5	31.8

续表

方法	高压法	中压法		低压法	
	UKW[1]（29.4 MPa，350℃）	I. C. I.（98.1MPa）	MGC（12.6 MPa，270℃）	I. C. I.（4.9 MPa，270℃）	Lurgi（4.9 MPa，260℃）
电（kW·h）	63	53	40～60	55	70
锅炉水（t）	0.72	0.88	2.4	0.9	0.72
冷却水（m^3）	57	—	170	250	50
年开工率（%）	80～85	90	85	95	90～95
相对成本	—	比I. C. I.（4.9MPa）法节省1美元	—	比高压法降低约25%（或降低5～7美元）	比I. C. I.法低10%左右
反应器出口甲醇质量分数（%）	5.5	5	2.5	3.0	5
产品质量					
粗甲醇中					
甲醇（%）	85～90	99.85	93.3	99.85	99.9
二甲醚（$\times10^{-6}$）	5000～10000	<20	约2000	20～150	≤20
醛酮酸（$\times10^{-6}$）	80～2000	乙醇<100	约5000，且含水较多	10～35	≤10
高级醇（$\times10^{-6}$）	8000～15000	异丁醇<10	99.95	100～2000	<10
最终甲醇产品（%）	99.85(AA级)	99.95		99.95	99.95

注：① UKW：Union Rheinische Braunkohlen－Kraftstoff AG Wesseling（德国）。
② 按当时投资计算。

10.2.2 甲醇主要生产技术

目前世界上甲醇生产技术，尤其以天然气为原料制甲醇技术成熟，主要技术有德国Lurgi及英国I. C. I. 低压合成法。主要工序为天然气压缩→原料天然气精脱硫→天然气转化→转化气压缩→甲醇羟基合成→粗甲醇精制。

10.2.3 有竞争力的原料路线

天然气、轻油、重油、煤、焦炭或煤焦油、烃类加工尾气等所有烃类均可作为生产甲醇合成气的原料。20世纪50年代以前，以煤为主要原料，通过生产水煤气制造甲醇。从50年代开始，随着世界石油和天然气工业的大规模开发，石油和天然气逐步成为生产甲醇的主要原料。以天然气为原料生产甲醇，建设投资少、生产成本低，是具有竞争力的原料路线。全球甲醇年产量已超过2000万t，采用天然气为原料路线的甲醇装置能力占甲醇总能力的80%以上。因此，在天然气化工利用中甲醇生产消耗的天然气仅次于合成氨。目前全球甲醇生产逐步向有廉价天然气的国家和地区转移，而且装置规模也越来越大，世界上最大的甲醇装置生产能力已达到90万t/a。

中国甲醇生产今年发展迅速，但大多数厂家以煤为原料，装置规模普遍较小，生产分散，采用天然气为原料的仅占总生产能力的10%左右。与发达国家比较，中国甲醇的产量和消费均处于低水平，而且至今尚无大型天然气甲醇装置。随着中国经济的发展以及环境保护意识的增强，醋酸和甲醛系列产品及甲醇其他下游产品的需求将不断增加，甲醇的需求将会不断增长。

合成甲醇可采用石脑油、减压渣油、煤和天然气为原料，在天然气丰富的地区，前几种原料的生产成本均无法与天然气竞争。现提供国外有关资料介绍的几种原料合成甲醇的经济指标情况，见表10-5。

各种原料合成甲醇的经济指标比较（60万t/a）　　表10-5

指标	天然气	石脑油/减压渣油	煤
合成工艺	催化蒸汽转化	高温转化	气化
原料转化率（%）	61.3	59.6	38.0
装置占地（%）	100	200	300
操作人员（%）	100	140	200
投资总额（百万美元）	61.0	178.0	169.0
精甲醇成本（%）	100	140	150

从上表可见，天然气合成甲醇的各项经济指标要优于其他原料，适于加压转化，是合成甲醇最理想的原料。

10.2.4　甲醇装置规模与投资和产品成本的关系

20世纪80年代以来，国外甲醇向大型化方向发展。甲醇经济规模对投资与产品成本影响较大，一般来讲装置规模越大，产品成本越低。从目前国外建设的大型甲醇装置来看，以30万t/a居多，说明当代甲醇装置经济规模的低限是30万t/a，单系列最大装置已达75万t/a。表10-6给出装置规模与投资和产品成本的关系。

甲醇装置规模与投资和产品成本的关系　　表10-6

项目	装置生产规模（万t/a）						
	10	20	30	40	50	80	100
单位产品投资（%）	100	76	69	63	59	52	49
产品成本（%）	100	67	60	57	54	51	50

10.3 天然气制乙炔

10.3.1 天然气制乙炔技术

天然气制乙炔主要有部分氧化法、电弧法和蓄热炉裂解法三种。部分氧化法是目前天然气制乙炔的主要方法。

1. 电弧法

电弧法是通过电弧炉中两电极间所形成电弧产生的高温使甲烷裂解为乙炔。电弧法的优点是能量能迅速的作用到反应物上，烃转化为乙炔比蓄热炉法或部分燃烧法明显高得多，开停车方便。

电弧法（Huels工艺流程）每生产1t乙炔的消耗指标和副产品见表10-7。

电弧裂解法生产1t乙炔的消耗指标和副产物　　表10-7

主要消耗		所得副产物		主要消耗		所得副产物	
名称	数量	名称	数量	名称	数量	名称	数量
天然气（t） 电弧用电(GJ)	2.9 37.08	乙烯（t） 炭黑（t）	0.495 0.29	提浓用电(GJ) 蒸汽（t）	10.08 1.5	残油（t） 氢气（m^3）	0.15 2800

2. 蓄热炉裂解法

蓄热炉法的基本原理是将燃料烃类和空气进行完全燃烧，燃烧产生的热积蓄在热容较大的耐火材料中，再使原料烃和耐火材料接触，从耐火材料吸收热量裂解为乙炔。待耐火材料温度降至一定下限，停止通入原料烃，并重新通入燃料和空气进行燃烧加热，此时裂解时沉积的炭经燃烧而除去。耐火材料温度达到上限后再次切换加入原料烃，这样交替加热和裂解。

3. 烃部分氧化制乙炔原理

部分氧化法制乙炔的基本原理是在热裂解的同时伴随有氧化反应，借部分烃氧化反应放热提供裂解反应需热。而氧化反应速度远比热裂解反应速度快，这是氧化与热裂解能在同一空间、同一时间内实现的关键。

用天然气部分氧化法生产乙炔，再由乙炔进行延伸加工，技术是成熟可靠的，其尾气（$CO+H_2$）可副产甲醇。截至1995年，美国、欧洲、日本拥有41套乙炔化工生产装置，总生产能力112.4万t/a。其中，以天然气为原料的有16个，生产能力66.5万t/a，约占总能力的59%。天然气制乙炔技术可引进德国BASF技术，尾气制甲醇采用英国I.C.I.低压合成技术。中国已在四川维尼纶厂引进采用，其规模是3万t乙炔，副产9.5万t甲醇，消耗定额6154m^3天然气/t乙炔，每吨乙炔副产8750m^3尾气。

天然气部分氧化法制乙炔是目前生产乙炔的主要方法，部分氧化法的代表性工艺又可分为BASF工艺、SBA工艺以及Montecatini工艺，它们的工艺原理完全相同，仅是反应器结构和操作工艺条件有所差异而已。部分氧化法、电弧法及其他乙炔生产工艺的消耗定额如表10-8所示。

乙炔各种生产方法消耗指标　　表10-8

项目	BASF法	SBA法	Montecatini法
原料	烃，氧	烃，氧	烃，氧
裂解气中C_2H_2（%）	9.0　9.1~9.6	8.0	7.0~8.0
收率（%） 乙炔	>30	48~58（合计）	约30

续表

项目	BASF 法	SBA 法	Montecatini 法
乙烯			
主要消耗指标	天然气　石脑油	天然气　石脑油	天然气　液烃
原料烃（t）	4.6	2.75	3.2～5
天然气（m^3）	6040	6040　2000	5800
氧气（m^3）	4.6t　4.6	3470	3800
电力（GJ）	8.28　9.0	7.92　9.99	
蒸汽（t）	2.5　5	9.4　20.52GJ	6.48　10.8
水（t）	650	1000　500	1　25.12GJ
提浓溶剂（kg）	NMP3.5	液氨 25	1500
产品乙炔浓度（%）	99.3～99.8	>99.4	甲醇 30 99.0～99.8
副产			
$CO+H_2$（m^3）	9000	9760	7750～10000
蒸汽（t）	0.5		0.5
乙烯（kg）			
热利用率（%）	75～81.5		约 80
乙炔收率（%）	约 95	95～97	95

10.3.2　乙炔生产成本

以国内某厂拟建的 3 万 t/a 乙炔装置为例，天然气价格取 0.7 元/m^3，氧气折电计入成本；电价取 0.35 元/（kW·h），蒸汽价格取 40 元/t，直流水价取 0.5 元/t，循环水价取 0.18 元/t；其他化工原料取市场价格；人员工资取 1.5 万元/（人·年），乙炔尾气折价 0.23 元/m^3。因 3m^3 尾气可生产 1kg 甲醇，而 1kg 甲醇需消耗 1m^3 天然气，故尾气价格为天然气的 1/3。乙炔生产成本估算见表 10-9。

乙炔生产成本表（1t 乙炔计）　　表 10-9

项目	单价（元）	消耗指标	金额（元/t）
一、原材料	0.7		4477
1. 天然气（原料）	0.7	5741m^3	4018
（燃料）	—	413m^3	289
2. 氧气	35.00	—	—
3. N-甲基吡咯烷酮		3.5kg	123
4. 其他化学品			47

续表

项目	单价（元）	消耗指标	金额（元/t）
二、公用工程			1825
5. 蒸汽（3.6MPa）	40.00	23t（透平用）	920
6. 蒸汽（0.6MPa）	（副产自给）	—	—
7. 电(乙炔)	0.35	615kW·h	215
(空分)	0.35	1263kW·h	442
8. 冷却水（含空分）	0.50	160t	80
9. 循环水（含空分）	0.18	500t	90
10. 软水	2.00	18t	36
11. 氮气（1.4MPa）	0.10	236m^3	24
12. 仪表空气	0.10	180m^3	18
三、副产品			2556
13. 尾气	0.23	9810m^3	2256
14. 低压蒸汽（0.6MPa）	20.00	15t	300
15. 炭黑	—	45kg	—
四、工资及附加	15000元/（人·年）	200人	100
五、制造费	折旧14年，维修占折旧40%		1430
六、生产成本			5276

10.4 天然气制乙烯

10.4.1 乙烯生产方法

天然气制乙烯根据其工艺过程可分为两类，第一类称为合成气转化法，它的显著特点是天然气必须先转化成合成气，然后由合成气经不同途径制的乙烯，主要有两种工艺；第二类称为甲烷转化法，也主要有两种工艺，如图10-1所示。

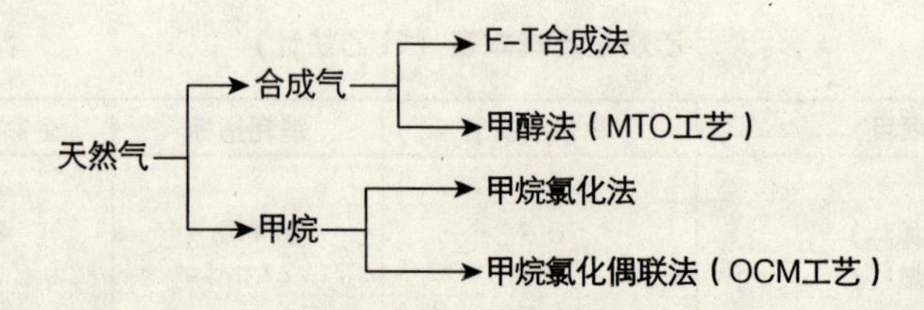

图10-1 天然气制乙烯工艺分类图

MTO工艺是目前最具备工业化条件的天然气制乙烯工艺，年产50万t乙烯的装置已完成概念设计；OCM法将是未来乙烯工业发展最具吸引力的工艺，简洁的流程加上低廉的原料，将使其最具竞争力，发展前景最佳；F-T法以合成油为传统，选择性F-T合成乙烯有待进一步提高低烯烃的选择性，克服A-S-F规律限制的缺点；甲烷氯化法根据目前的研究成果还难以显示出优势，有待于进一步研究开发。

10.4.2 乙烯生产方法经济比较

从天然气制乙烯，无论用什么方法，原则上都称为Gas To Olefine（简称GTO）。由于天然气价格低廉，特别是在俄罗斯、中东以及东南亚地区，因而采用天然气制乙烯比石脑油制乙烯可降低原料成本费用。

据国外报道，包括投资和生产成本在内的总体经济效益，以石脑油和天然气为原料的大型乙烯装置相比（均为50万t/a规模），GTO法的投资比石脑油法高43.6%（石脑油法的投资没有包括炼厂的建设费）；而生产成本只有石脑油法的20%。

国外对乙烯生产方法的评价　　表10-10

项目	石脑油	GTO
投资（亿美元）	5.5	7.9
生产成本（亿美元）		
原料成本	549	247
副产品回收	-447	-379
净原料成本	102	-132
公用工程和催化剂、化学品(亿美元)	38	70
总可变成本（亿美元）	140	-62
固定成本（亿美元）	75	105
生产成本（亿美元）	215	43
销售价格（美元/t）	500	500
毛利（美元/t乙烯）	285	457
税前折旧简单投资回报率（%）	25.9	29.9

注：表中价格以1996年海湾地区价格为基准。其中，石脑油170美元/t；甲醇100美元/t；天然气95美元/t；丙烯400美元/t；混合$C_4$170美元/t。

国内对两种原料生产乙烯就原料部分进行了简单比较，结果见表10-11。

每吨乙烯原料费用比较　　表 10-11

原料名称	单价	吨乙烯消耗	吨乙烯原料费（元）
石脑油	1950 元/t	3.25t	6337
天然气	0.758 元/m^3	4313m^3	3269
差值			3068

由于天然气制乙烯在投资和成本上具有优势，因而1996年在美国休斯敦召开的国际石油化工综合评议会（Dewitt）上曾明确指出：以天然气为原料制取的乙烯将在市场上获得更大的优势。

10.4.3　消耗定额

以天然气为原料，采用 UOP/Hydro MTO 工艺，年产50万t乙烯装置原材料及公用工程的消耗定额见表10-12。

消耗定额一览表　　表 10-12

名称	单位	吨乙烯消耗	小时消耗	年消耗
天然气	m^3	4313	—	21.565 亿
催化剂、化学品	美元	21	—	1050 万
电	kW·h	230	14375	—
循环冷却水	m^3	750	46875	—
脱盐水	m^3	4	250	—
蒸汽	t	不需外供蒸汽	100（开工时）	—

10.5　小结

10.5.1　用天然气作化工原料的效率与减排量

通过上述分析可知，天然气作为化工原料，生产效率提高，比用煤或用油等原料生产可节能30%～40%，同时也大幅减少 SO_2 废气的排放量和生产废水排放量，对保护大气和水环境有重要作用。

10.5.2 用天然气作化工原料的经济性

由于耗气量大，天然气的购入价格对产品生产成本影响大，一般占产品生产成本的三分之一以上。以天然气作为原料的化工产品的耗气量见表10-13。

天然气作为化工原料时的单位产品用气量（Nm^3/t） 表10-13

序号	化工产品	用气量	序号	化工产品	用气量
1	合成氨	1000	7	聚丙烯	4800
2	氢氰酸	1720	8	维尼龙	4500
3	甲醇	900～1000	9	聚氯乙稀	2870
4	浓乙炔	5000～6000	10	丙酮	1300～1500
5	甲醛（20%）	5300	11	槽法碳黑	4500～5000
6	合成橡胶	5640	12	炉法碳黑	7000

以天然气为原料生产化工产品的价格收石油天然气国际销售价格和国际市场对该类产品需求的影响，目前市场价格波动较大，随石油天然气供应的紧张，其产品价格不断上涨。2007年初对应产品目前的市场价格见表10-14。

天然气作为化工原料时的单位产品销售价格（元/t） 表10-14

序号	化工产品	用气量(Nm^3)	出厂价格	序号	化工产品	用气量(Nm^3)	价格
1	合成氨	1000	1500～1700	7	聚丙烯	4800	11000
2	氢氰酸	1720	2000～2100	8	维尼龙	4500	8500
3	甲醇	910～1000	1400～1600	9	聚氯乙稀	2870	5800
4	浓乙炔	5000～6000	8400～8700	10	丙酮	1300～1500	10500～10800
5	甲醛(20%)	530	1250～1350	11	槽法碳黑	4500～5000	4500～4850
6	合成橡胶	5640	11800	12	炉法碳黑	7000	4500～4850

对于化工原料气，其价格一般应在1元/m^3之内，最高价格也必须低于1.2元/m^3，应该直接在气田附近建厂生产，不宜通过长输管线输送由城市供气管网供应。

10.5.3 用天然气作化工原料的负荷特性

用天然气作化工原料，由于生产过程是连续平稳的过程，因此其用气负荷也是平稳的。通过调节生产量和班制可以调节用气负荷，该类用气可以作为城市用气的缓冲用户，来平衡城市用气的不均匀性，从天然气供应的角度上来看是优质用户。

10.5.4 用天然气作化工原料的容量

目前我国用于化工原料的天然气约为200亿m^3/a，主要用于化纤和化肥的生产。以天然气为原料生产合成氨和尿素是最经济的原料路线，全球约有75%的化肥是以天然气为原料生产的，生产化肥消耗的天然气约占天然气化工利用的90%。我国的化肥只有18%左右是以天然气为原料生产的，而以煤炭、液态烃类和其他气态烃类为原料生产的分别占67%、13%、2%，生产化肥消耗的天然气约占天然气化工利用的94%。在国外，在天然气产区，都建有大型合成氨和尿素工厂。我国是农业大国，化肥需求量大，为改善环境和提高效益，国家有计划淘汰一批小化肥生产装置，在天然气产区附近建设数套大型合成氨—尿素装置是合理的。如果达到50%的化肥用天然气生产，用气容量可达500亿m^3/a，用气容量巨大。

10.5.5 采用天然气作化工原料对原有生产方式的影响

例如天然气可做原料，又可做燃料。采用天然气作化工原料可明显提高生产效率和产品质量，并且对节能减排有重要作用，2004年我国天然气的总产量为407亿m^3，用于做化工原料的天然气约180亿m^3，占总产气量的40%左右。但我国由于天然气资源比较缺乏，用天然气作原料可承受的天然气价格较低。2000年以来全国各地建设了大量天然气供气输送管网系统和发展了大量天然气用户，但气源问题一直没有很好地解决，天然气供应始终处于紧张状态，特别是2004年以来，我国天然气供应严重紧缺，2004~2005年冬季北京市严重缺气，影响采暖的正常供气，很多工业用户被迫停气，2005年一直处于缺气状态，很多工业用户被停气或限制用气。为了缓解天然气供应紧张，在沿海大量修建液化天然气码头，被批准的码头就有8个，修建液化天然气码头投资巨大，建设周期长，一般每座天然气码头的建设周期在三年以上，准备大量进口天然气作为燃料，除深圳和福建泉州进口液化天然气码头建设较早，签定的长期进口液化天然气价格相对较低，其他价格均较高。

目前天然气作为原料气供给化肥等石化企业约200亿m^3，供气价格在0.5~0.6元之间。我国大量天然气用于生产化肥，其实我们完全可以直接进口化肥，把生产化肥的天然气用于燃料气，这样可以提高天然气的利用效率和经济效益。

第 11 章 建议天然气使用方式

通过本书前面的分析得出如下结论和建议。

11.1 天然气作化工原料问题

目前我国化工原料是最大的天然气用户，约占目前总产气量的 40% 左右，其中生产化肥用气约为 38%，化肥是保证我国粮食生产的重要物资，我国十分重视化肥的生产。以至于造成目前我国有不少出口化肥，其在国际市场上的价格优势也主要来自于廉价天然气，这就相当于我们从国外高价进口了天然气，制成成品后，又低价出口。由于我国天然气资源奇缺，未来几年我国将每年进口数百亿立方米天然气，天然气的价格将越来越高，进口 LNG 的价格将达到和突破 200 美元/每 km^3 的价格。因此，在天然气十分紧张的形式下，能源与粮食同等重要，对以天然气为原料的化肥等化工产品的生产，应该采取以下政策：

（1）禁止出口以天然气为原料生产的化肥等化工产品或者提高以天然气为原料化工产品的出口关税，取消对生产化工产品用天然气的优惠政策，减少对化肥的燃料补贴，把对这部分补贴转化为直接对农产品的补贴，适当提高化肥等产品的价格。

（2）当国际上以天然气为原料的化工产品的价格低于 LNG 的进口价格

时，应多进口该类化工产品，替出国内用于化工产品的天然气作为燃料，相当于间接进口天然气，扩大天然气的供应量，降低供气成本。

11.2　天然气资源有限，应合理利用

11.2.1　确定合理的用气结构

不同的用户负荷特性不同，在天然气紧缺的前提下，应该确定合理的用户搭配，使各类用气不均性能相互调节，做到供需基本平衡。因此要确定各类用户的合理用气结构比例。限制采暖等高峰季节用户的用气比例，对于采暖的比例，应根据冬季气源的可调节范围和其他用户，如化工和工业用户的减少量来确定，严禁盲目发展采暖负荷。优先满足炊事、汽车等季节不均匀性小的用户用气，保持一定工业用气比例。

11.2.2　合理应用天然气

从保护环境和经济性的角度出发，合理的应用天然气应遵循以下原则：

（1）优先发展居民和商业建筑的炊事用气、替代小煤炉、汽车等减排效果好，季节差小和经济性较好的用户。

（2）对于工业企业用户，天然气应优先供应生产工艺上必须用天然气的企业，和使用天然气后产品质量有较大改进，效益有明显提高的企业，例如医药、玻璃、高档陶瓷和有色金属等企业。工业企业用天然气不能采用简单的煤改气的方法，应该学习国外先进经验，对炉型进行节能改造，降低能耗指标，加强对天然气烟气余热的利用，特别是梯级利用，提高天然气的一次能源利用率。

（3）禁止发展天然气集中采暖，天然气采暖应该坚持模块化和单户分散采暖。对煤锅炉不能简单采用煤改气方式采用天然气采暖。对发展天然气采暖问题要慎重，采暖是季节性负荷，天然气的生产和长距离输送一般都是相对均匀的，大量发展天然气采暖，需要建设大容量地下储气库，解

决季节不均运行问题，我国很多城市没有修建地下储气库，而大量发展天然气采暖，造成冬季供气紧张，以致不得不停止工业和汽车等用户，来保证采暖用气。

（4）在制冷空调方面，采用直燃机制冷天然气一次能源利用率低于天然气发电和用电制冷空调的天然气利用率，直燃机只能缓解夏季供电紧张和增加夏季天然气用气量，而不节能。对于单循环燃气轮机热电冷联产系统，机组的发电效率很难达到40%，因此单循环燃气轮机热电冷联产系统相比于分产系统一般不节能。对于内燃机，发电效率也难以达到40%，但是余热热量中有15%～20%左右的热量是以低温缸套水的形式出现的，这部分热量中90℃左右的冷却水只能用于驱动单效制冷机或者用于双效吸收式制冷机的低压发生器，而60℃左右的冷却水只能用于供生活热水，这样对于内燃机而言，热电冷联产相对于分产模式也不节能。对于微燃机和斯特林发动机，发电效率为30%左右，且此时斯特林发动机大部分热量都为60℃左右的低温热水，不能用于溴化锂吸收式制冷，200℃左右的排烟所占热量份额小于10%，所以此时微燃机和斯特林发动机夏季制冷时都不节能。对于燃料电池热电联产系统，发电效率可达50%，冷电联产总效率可达到80%左右，此时节能率13%左右，大型燃料电池正处于开发阶段，近期还不能市场化。

11.2.3 天然气发电

我国天然气电厂等工业项目最近几年迅速发展，都促使耗气量日趋增加。由于我国是一个天然气资源缺乏的国家，将天然气用于发电，成本高，加剧天然气供不应求的局面，没有发挥天然气的最大环保利用效益。天然气发电的原则应该是：

（1）禁止发展大规模的天然气纯发电项目。

（2）应该推广夏季和过渡季用气量大的天然气调峰电厂，注重增加淡季季用气量和采用天然气的经济型。

（3）限制发展天然气热电冷联供和大型天然气热电联供项目，由于冷负荷和采暖变化大，这些项目的天然气利用率并不高，还会让季节不均匀性更加突出，增加冬季供气的短缺量。

（4）只有经过论证在热负荷相对稳定条件下，发展小型天然气热电联供。

11.3 天然气价格

采用合理的天然气定价机制合理地引导天然气的消费，我国是发展中国家，各类用户对天然气价格的承受能力还有限，天然气价格的提升几乎对所有用户都会产生很大影响。由于天然气是耗竭性资源，要保护这一资源的合理使用。目前我国天然气末端价格一般为原油价格的40%～70%之间，而国际比例则在80%左右。目前我国的天然气价格构成井口价格偏低，而输送费用偏高，因此，在天然气价格制定时应考虑以下原则：

（1）根据不同的用户和同一类用户供气量不同其供气成本不同，制定不同的价格。用户可分为居民、公建、采暖、空调、工业和热电冷等用户，每类用户又可凭用气量的大小分档制定价格，使供气价格反映供气成本。

（2）为了鼓励低峰用户，实行季节差价，对空调等淡季用户采用相应较低的价格，对于冬季高峰用户采用相对较高的价格，因为冬季供气有很大部分天然气由地下储气供给，成本较高。门站气价也应实行季节差价，鼓励淡季用气，减少地下储气比重，降低门站平均供气成本。

（3）对在冬季高峰季节可中断供气的用户进行优惠，大力发展调峰用户，提高供气系统的利用率，降低供气系统单位供气量的投资成本。

（4）在制定天然气供气价格时，同时要考虑油、液化石油气和电等可替代能源的比价。

（5）对于大工厂和纯发电用户宜从长输管线直接供气，降低供气成本。

11.4 长输管线系统的建设

目前是以中石油和中石化两大公司为主建设，中海油也准备建设沿海大管线，这样造成几大公司为了抢占市场，出现重复交叉建设问题，缺乏统一规划，造成建设投资大，利用率低，浪费严重，输送成本高。因此，天然气长输管线系统的建设应该参照国外先进经验，组建独立的输气公司，统一规划全国天然气输气管线，提高管线输送效率，降低长输管线投资，规定合理的输气利润，降低输送成本。提高供气调度水平和可靠性。

11.5 LNG 的应用

我国东南沿海的深圳、福建等地从 2006 年开始陆续引进国外的 LNG，购买国外 LNG 采用“照付不议”的购气合同，供气初期就面临大负荷供气，为了完成供气合同规定的用气量，避免因供气量不足造成经济损失，急需大规模的发展用户，此时要吸取我国发展天然气的教训，应该坚持：

（1）不能为了提高天然气用量发展一些效率低的长期用户，以免难以解决造成这些用户效率低，经济性差的问题。即使暂时天然气用不完，承担一定购气量达不到合同的补偿，也不能发展这类用户。

（2）在初期天然气供大于求时，尽量发展一些可采用双燃料的用户，过渡一下。

（3）从环保、节能、经济性和用气负荷均衡等四个方面规划好 LNG 发展的各类用户。

（4）禁止对工业和采暖用户简单的煤改气。

主要参考文献

[1] 田贯三. 天然气应用及相关技术的研究. 清华大学博士后研究报告，2003.4.

[2] PAUL W，MACAVOY，NICKOLAY V，MOSHIN. The New Trend in The Long-Term Price of Natural Gas. Resoure and Energy Economics，2000 (22)：315－338.

[3] CHRISTOPHER C，KLEIN，GEORGE H，SWEENEY，Regulator Preferences And Utility Prices：Evidence From Natural Gas Distribution Utilities. Energy Economics，1999 (21)：1－15.

[4] APOSTOLOS SERLETIS，JOHN HERBERT. The Message In North American Energy Prices. Energy Economics，1999 (21)：471－483.

[5] JEONG-DONG LEE，SUNG-BAE PARK，TAI-YOO KIM，PRODFIT，PRODUCTIVITY，And Price Differential：An International Performance Comparison of The Natural Gas Transportation Industry. Energy Policy ，1999 (27)：679－689.

[6] JANIE M，CHERMAK，JAMES CRAFTION，SUZANNE M，NORQUIST，ROBERTH，PATRICK. A Hybrid Economic-Engineering Model for Natral Gas Production. Energy Economics，1999 (21)：67－94.

[7] WK BUCHANANAN，P HODGES，J THEIS. Which Way The Natural Gas Price：An Attempt to Predict The Direction of Natural Gas Spot Price Movements Using Trader Positions. Energy Economics，2001 (23)：279－293.

[8] 中国城市煤气学会. 第二十届世界燃气会议文件汇编（上册）. 1998.

[9] 白兰君. 天然气经济学. 北京：石油工业出版社，2001.

[10] 哈尔滨建筑工程学院等. 燃气输配. 第二版. 北京：建筑工业出版社，1988.

[11] JG WILSON. Optimization of the Operation of gas Transmission Systems. Transaction of the Institute of Measurement and Control，1996（6）：261－269；

[12] Piekarski M. On the Optimal Control of the Gas Pipeline Net of Complex and Time Varying Structure. Gas Abstracts，1982，38（11）.

[13] 刘庆新. 天然气经济与法规概论. 北京：石油工业出版社，2001.

[14] 李猷嘉. 城市天然气发展中的主要问题. 中国市政工程华北设计院，2002.

[15]（前苏）C. A 博布罗夫斯基. 天然气管路输送. 陈祖泽译. 北京：石油工业出版社，1987.

[16] R GOLOMBEK，M HOEL，J VISLIE. Natural Gas Markets and Contracts. ELSEVIER SCIENCE PUBLISHING COMPANY，1991.

[17] 童澄教. 对“日本东京都天然气价格制度”的剖析. 能源研究与信息，2001，17（1）：1－4.

[18] 刘毅军，汪海. 对美国天然气市场的竞争性分析. 天然气工业，2002，1.

[19] 杨清荣，韩振华. 城市天然气价格的探讨. 煤气与热力，2002，3.

[20] 陈敏. 中国把天然气价格平均提高0.03元/立方米. 天然气工业，2002，3.

[21] 宋建林，韶华. 我国天然气管输运价制定方法研究. 管道技术与设备，2001，6.

[22] 张玉清，杨青. 关于我国天然气价格改革的思考. 宏观经济管理，2001，10.

[23] 苗成武，蔡春知，陈祖泽编著. 干线输气管道实用工艺计算方法. 北京：石油工业出版社，2001.

[24] 邓翔. 国外天然气价格制定的原则和经验. 天然气工业，1994，17（3）：85－87.

[25] AMAN R K. Natural Gas Development：Priceing. Politics and Profitability，1988.

[26] 中华人名共和国国家计划委员会能源交通司. 97白皮书中国能源. 北京：中国物件出版社，1997，12：41－57.

[27] 林金高. 石油、天然气会计问题研究. 大连：东北财经大学出版社，2007.

[28] 武利亚. 北京市天然气发展概况及存在问题. 北京市燃气集团有限责任公司，http：//www.china5e.com/dissertation/.

[29]《城市煤气规划参考资料》编写组. 城市煤气规划参考资料. 北京：中国建筑工业出版社，1984.

[30] 汪寿建等编著. 天然气综合利用技术. 北京：化学工业出版社，2003.

[31] 吴忠标，李委，王莉红编著. 城市大气环境概论. 北京：化学工业出版社，2003.

[32] 宋国军. 排污权交易. 北京：化学工业出版社，2004.

[33] 同济大学等. 天然气燃烧与应用（第二版）. 北京：中国建筑工业出版社，1988.

附 表

各类用户采用天然气后的替煤节能效果 **附表 1**

序号	天然气用户	替代燃煤方式	备注	替煤量（kg）	节煤量（kg）
1	制药工业	制药工业	针剂封瓶、片剂挂糖衣	6.45	4.89
2	家用燃气锅炉（如壁挂炉）	家用小煤炉采暖（原煤）	原煤变化范围	3.13 ~6.25	1.57 ~4.69
			原煤平均值	4.69	3.13
3	家用燃气锅炉（如壁挂炉）	家用小型煤炉采暖（型煤）	型煤变化范围	3.61 ~7.21	1.70 ~5.30
			型煤平均值	5.41	3.50
4	家用燃气用具与开水器	城市居民用户炊事热水	变化范围	3.5 ~4	1.6 ~2.1
			平均值	3.75	1.85
5	中餐灶、大锅灶、蒸箱、开水炉等	公共建筑炊事用户	变化范围	3 ~3.5	1.1 ~1.6
			平均值	3.25	1.35
6	化学工业	化学工业	加热、蒸馏、蒸发	3.22	1.66
7	食品工业	食品工业	变化范围	2.54 ~3.40	0.98 ~1.83
			平均值	2.97	1.41
8	烧煤窑炉改烧燃气	直接烧煤窑炉	变化范围	2.7 ~3.1	1.14 ~1.54
			平均值	2.9	1.34
9	小型燃气锅炉	立式锅炉，功率≤1t/h	变化范围	3.52 ~2.35	1.96 ~0.79
			平均值	2.81	1.25
10	烧气窑炉改烧天然气	烧气窑炉	平炉、加热炉、隧道窑等	2.8	1.24
11	冶金带焦改烧天然气	冶金带焦	炼铁	2.7	1.0
12	燃气联合循环热电联产	燃煤锅炉与燃煤电厂	变化范围	2.50 ~2.74	0.94 ~1.18
			平均值	2.67	1.11

续表

序号	天然气用户	替代燃煤方式	备注	替煤量（kg）	节煤量（kg）
13	燃气调峰发电厂	燃煤调峰发电厂	变化范围	1.89~2.97	0.33~1.41
			平均值	2.56	1.00
14	楼宇式热电联产（热）	燃煤锅炉与燃煤电厂	变化范围	1.71~2.72	0.15~1.16
			平均值	2.52	0.96
15	燃气蒸汽联合循环发电	燃煤电厂	变化范围	2.23~2.68	0.67~1.12
			平均值	2.46	0.90
16	燃气锅炉	卧式燃煤锅炉，1t/h < 功率 ≤ 4t/h	变化范围	2.01~2.81	0.55~1.25
			平均值	2.35	0.79
17	燃气联合循环冷电联产	燃煤电厂发电与电制冷	变化范围	1.75~2.36	0.23~0.80
			平均值	2.21	0.65
18	倒焰窑改烧天然气	倒焰窑烧煤	变化范围	2.1~2.2	0.54~0.64
			平均值	2.15	0.59
19	煤制气改为天然气	玻璃工业灯工、熔化	变化范围	1.98~2.25	0.42~0.69
			平均值	2.12	0.56
20	燃气锅炉	卧式燃煤锅炉 4t/h < 功率 ≤ 10t/h	变化范围	1.88~2.35	0.22~0.79
			平均值	2.10	0.54
21	燃气替代燃煤	工业烧结		1.94	0.38
22	燃气锅炉	燃煤锅炉 10t/h 以上	变化范围	1.72~2.12	0.16~0.56
			平均值	1.91	0.35
23	楼宇式热电冷联产（冷）	燃煤发电和电制冷	变化范围	1.07~2.01	-0.49~0.45
			平均值	1.91	0.35
24	燃气替代燃煤	加热炉（锻炉、铸工烘炉与退火炉等）	变化范围	1.6~1.9	0.04~0.34
			平均值	1.75	0.19
25	直燃机式吸收机	燃煤发电制冷	变化范围	0.98~1.21	-(0.58~0.34)
			平均值	1.07	-0.49

注：(1) 单位：1Nm³ 天然气；
(2) 型煤低热值 18830kJ/kg（4500kcal/kg）；
(3) 原煤热值 23027kJ/kg（5500kcal/kg）；
(4) 油低热值 43950kJ/kg（10500kcal/kg）；
(5) 天然气低热值 35948 kJ/m³（8600kcal/m³）；
(6) 一些明显利用率不高的应用方式未作分析。

附表 2

$1m^3$ 天然气替代煤炭后减少的排放量（城市环境减排）

序号	天然气用户	替代燃煤方式	说明	烟尘	SO_2	NO_X
1	家用燃气锅炉（如壁挂炉）	小煤炉采暖（原煤）	变化范围	143.63 ~286.84	42.55 ~84.98	13.8 ~28.8
			平均值	256.26	63.70	21.61
2	制药工业	制药工业	针剂封瓶、片剂挂糖衣	140	109.65	25.4
3	小型燃气锅炉	立式燃煤锅炉 功率≤1t/h	变化范围	107.87 ~161.57	39.15 ~58.64	10.03 ~15.65
			平均值	128.94	46.80	12.24
4	家用燃气锅炉（如壁挂炉）	小型煤炉采暖（型煤）	变化范围	38.89 ~77.85	40.17 ~80.15	11.78 ~25.95
			平均值	58.41	60.20	19.47
5	化学工业	化学工业	加热、蒸馏、蒸发	16.1	54.74	12.88
6	食品工业	食品工业	变化范围	12.7 ~17	43.18 ~57.8	11.43 ~15.3
			平均值	14.85	50.49	13.37
7	烧煤窑炉改烧燃气	直接烧煤窑炉	变化范围	13.5 ~15.5	45.9 ~52.7	12.3 ~14.5
			平均值	14.5	49.3	13.4
8	烧气窑炉改烧天然气	烧气窑炉	平炉、加热炉、隧道窑等	14	47.6	15.4
9	冶金带焦改烧天然气	冶金带焦	炼铁	13.5	45.9	14.85
10	家用燃气用具与开水器	居民用户 炊事热水	变化范围	8.75 ~10.2	40.8 ~54.4	4.06 ~6.00
			平均值	9.48	47.6	5.03
11	倒焰窑改烧天然气	倒焰窑	变化范围	10.3 ~12.7	35.7 ~37.4	10.5 ~11
			平均值	11.50	36.55	10.75
12	燃气锅炉	卧式燃煤锅炉 1t/h ＜功率≤4t/h	变化范围	12.46 ~17.42	29.02 ~40.35	8.26 ~12.10
			平均值	14.57	33.82	9.89

续表

序号	天然气用户	替代燃煤方式	说明	烟尘	SO_2	NO_x
13	中餐灶、大锅灶、蒸箱、开水炉等	公共建筑炊事用户	变化范围	8.21~9.39	34.97~47.62	3.48~5.25
			平均值	8.80	41.30	4.37
14	燃气联合循环热电联产	燃煤发电与燃煤锅炉锅炉的减排	变化范围	3.64~3.99	39.08~42.18	12.05~13.51
			平均值	3.86	41.10	13.09
15	燃气锅炉	卧式燃煤锅炉 4t/h <功率≤10t/h	变化范围	1.48~11.48	27.05~33.82	7.63~9.89
			平均值	10.25	30.20	8.69
16	煤制气改为天然气	烧结		9.7	32.98	10.3
17	天然气替代煤制气	玻璃工业 灯工、熔化	变化范围	8.4~9.75	28.56~33.15	8.2~10.32
			平均值	9.08	30.86	9.22
18	天然气替代燃煤	加热炉（锻炉、铸工烘炉与退火炉等）	变化范围	7.6~9.2	25.5~30.6	7.5~9.8
			平均值	8.4	28.5	8.65
19	燃气锅炉	燃煤锅炉 功率>10t/h	变化范围	4.43~5.47	20.90~25.76	6.87~8.79
			平均值	4.93	23.21	7.78
20	楼宇式热电联产（热）	燃煤发电与燃煤锅炉锅炉的减排	变化范围	2.01~2.38	11.63~25.12	4.85~7.88
			平均值	2.20	23.27	7.15
21	直燃机式吸收机	燃煤发电与电制冷	变化范围	-(0.035~0.045)	-(0.017~0.024)	-(1.20~1.51)
			平均值	-0.4	-0.02	-1.39

续表

序号	天然气用户	替代燃煤方式	说明	烟尘	SO_2	NO_x
22	燃气调峰发电厂	燃煤调峰发电	变化范围	−（0.035～0.045）	−（0.017～0.024）	−（1.98～3.17）
			平均值	−0.4	−0.02	−2.76
	燃气联合循环冷电联产	燃煤发电与电制冷	变化范围	−（0.035～0.045）	−（0.017～0.024）	−（1.98～3.17）
			平均值	−0.4	−0.02	−2.76
	楼宇式热电冷联产（冷）	燃煤发电与电制冷	变化范围	−（0.035～0.045）	−（0.017～0.024）	−（1.98～3.17）
			平均值	−0.4	−0.02	−2.76
	燃气蒸汽联合循环发电	燃煤发电	变化范围	−（0.035～0.045）	−（0.017～0.024）	−（1.98～3.17）
			平均值	−0.4	−0.02	−2.76

注：（1）单位：g/m^3；

（2）在环境分析中燃煤电厂、热电厂和10t以上燃煤采暖锅炉的烟气按净化达到国家要求排放标准计算。

附表3

$1m^3$ 天然气替代煤炭后减少的排放量（大气环境减排）

序号	天然气用户	替代燃煤方式	说明	烟尘	SO_2	NO_x	CO_2
1	家用燃气锅炉（如壁挂炉）	家用小煤炉采暖（原煤）	变化范围	143.63～286.84	42.55～84.98	13.8～28.8	3700～9200
			平均值	256.26	63.70	21.61	6904
2	制药工业	制药工业	针剂封瓶、片剂挂糖衣	140	109.65	25.4	10148
3	小型燃气锅炉	立式燃煤锅炉功率≤1t/h	变化范围	107.87～161.57	39.15～58.64	10.03～15.65	2430～4536
			平均值	128.94	46.80	12.24	3238
4	家用燃气锅炉（如壁挂炉）	家用小型煤炉采暖（型煤）	变化范围	38.89～77.85	40.17～80.15	11.78～25.95	3494～8689
			平均值	58.41	60.20	19.47	6520

续表

序号	天然气用户	替代燃煤方式	说明	烟尘	SO_2	NO_x	CO_2
5	化学工业用天然气加热	化学工业煤加热	加热、蒸馏、蒸发	16.1	54.74	12.88	4850
6	食品工业	食品工业	变化范围	12.7 ~17	43.18 ~57.8	11.43 ~15.3	3440 ~5220
			平均值	14.85	50.49	13.37	4020
7	烧煤窑炉改烧天然气	直接烧煤窑炉	变化范围	13.5 ~15.5	45.9 ~52.7	12.3 ~14.5	3770 ~4600
			平均值	14.5	49.3	13.4	4185
8	烧气窑炉改烧天然气	烧煤制气窑炉	平炉、加热炉、隧道窑等	14	47.6	15.4	3980
9	冶金带焦改烧天然气	冶金带焦	炼铁	13.5	45.9	14.85	3770
10	家用燃气用具与开水器	居民用户 炊事热水	变化范围	8.75 ~10.2	40.8 ~54.4	4.06 ~6.00	3810 ~4310
			平均值	9.48	47.6	5.03	4060
11	燃气调峰发电	燃煤调峰电厂	变化范围	2.74 ~4.32	29.09 ~45.72	10.14 ~16.73	2149 ~4417
			平均值	3.88	39.40	14.22	3556
12	燃气锅炉	卧式燃煤锅炉 1t/h ＜功率≤4t/h	变化范围	12.46 ~17.42	29.02 ~40.35	8.26 ~12.10	2010 ~3660
			平均值	14.57	33.82	9.89	2763
13	倒焰窑改烧天然气	倒焰窑	变化范围	10.3 ~12.7	35.7 ~37.4	10.5 ~11	2530 ~2730
			平均值	11.50	36.55	10.75	2630
14	中餐灶、大锅灶、蒸箱、开水炉等	公共建筑炊事用户	变化范围	8.21 ~9.39	34.97 ~47.62	3.48 ~5.25	3266 ~3771
			平均值	8.80	41.30	4.37	3519

续表

序号	天然气用户	替代燃煤方式	说明	烟尘	SO_2	NO_X	CO_2
15	燃气联合循环热电联产	燃煤发电与燃煤锅炉	变化范围	3.64~3.99	39.08~42.18	12.05~13.51	3405~3907
			平均值	3.86	41.10	13.09	3760
16	楼宇式热电联产(热)	燃煤发电与燃煤锅炉	变化范围	2.47~3.96	26.31~41.87	8.08~13.13	1771~3262
			平均值	3.66	38.79	11.91	2842
17	燃气蒸汽联合循环发电	燃煤发电	变化范围	3.24~3.92	34.32~41.25	12.21~14.96	3086~4076
			平均值	3.58	37.86	13.62	3592
18	燃气锅炉	卧式燃煤锅炉 4t/h＜功率≤10t/h	变化范围	9.17~11.48	27.05~33.82	7.63~9.89	1940~2880
			平均值	10.25	30.20	8.69	2380
19	煤制气改为天然气	烧结		9.7	32.98	10.3	2200
20	天然气替代煤制气	玻璃工业 灯工、熔化	变化范围	8.4~9.75	28.56~33.15	8.2~10.32	1670~2220
			平均值	9.08	30.86	9.22	1945
21	燃气联合循环冷电联产	燃煤电厂发电与电制冷	变化范围	2.53~3.44	26.93~36.32	8.98~12.58	1920~3218
			平均值	3.21	34.01	11.54	2844
22	天然气替代燃煤	加热炉(锻炉、铸工烘炉与退火炉等)	变化范围	7.6~9.2	25.5~30.6	7.5~9.8	1290~1910
			平均值	8.4	28.5	8.65	1600
23	燃气锅炉	燃煤锅炉 功率＞10t/h	变化范围	4.43~5.47	20.90~25.76	6.87~8.79	1775~2611
			平均值	4.93	23.21	7.78	2172
24	楼宇式热电冷联产(冷)	燃煤发电与电制冷	变化范围	1.53~2.91	16.46~44.79	5.14~10.87	534~2602
			平均值	2.77	29.40	10.26	2382
25	直燃机式吸收机	燃煤发电与电制冷	变化范围	1.40~1.74	15.07~18.61	1.96~3.36	336~842
			平均值	1.53	16.46	2.51	534

说明：单位：g/m^3。

附表 4

$1m^3$ 天然气替代煤炭后减少的燃料成本变化

序号	天然气用户	替代燃煤方式	说明	购煤费（元）	购气费（元）	气与煤费之差（元）	燃料费降低（%）
1	制药工业	制药工业	针剂封瓶、片剂挂糖衣	3.87	1.8	2.07	53.5%
2	家用燃气锅炉（如壁挂炉）	小型煤炉采暖（型煤）	变化范围	2.17～4.33	2.0	0.17～2.33	7.8～53.8
			平均值	3.25	2.0	1.25	38.5
3	家用燃气锅炉（如壁挂炉）	小煤炉采暖（原煤）	变化范围	1.72～3.44	2.0	−0.28～1.44	−16.3～41.7
			平均值	2.58	2.0	0.58	22.5
4	家用燃气用具与开水器	居民用户与商业炊事热水	变化范围	2.1～2.4	2	0.1～0.4	4.7−16.7
			平均值	2.25	2	0.25	11.1
5	化学工业	化学工业	加热、蒸馏、蒸发	1.932	1.8	0.132	6.8
6	食品工业	食品工业	变化范围	1.524～2.04	1.8	−0.276～0.24	−18.1～11.8
			平均值	1.78	1.8	0.02	1.1
7	烧煤窑炉改烧燃气	直接烧煤窑炉	变化范围	1.62～1.86	1.8	−0.18～0.06	−11.1～3.2
			平均值	1.74	1.8	−0.6	−3.2
8	改烧天然气	烧气窑炉	平炉、加热炉、隧道窑等	1.68	1.8	−0.12	−7.1
9	改烧天然气	冶金带焦	炼铁	1.62	1.8	−0.18	−11.1
10	中餐灶、大锅灶、蒸箱、开水炉等	公共建筑炊事用户	变化范围	1.8～2.1	2.2	−（0.4−0.1）	−（22.2～4.7）
			平均值	1.95	2.2	−0.25	−12.8
11	燃气联合循环热电联产	燃煤发电与燃煤锅炉	变化范围	1.2～1.32	1.6	−（0.4～0.28）	−33.3～ −21.2
			平均值	1.28	1.6	−0.32	−25%
12	燃气调峰发电厂	燃煤调峰电厂	变化范围	0.91～1.43	1.6	−（0.69～0.17）	−75.8～ −11.9
			平均值	1.23	1.6	−0.37	−30.0

续表

序号	天然气用户	替代燃煤方式	说明	购煤费（元）	购气费（元）	气与煤费之差（元）	燃料费降低（%）
13	小型燃气锅炉	立式燃煤锅炉 功率≤1t/h	变化范围	1.56～1.13	1.8	−0.24～−0.67	−15.4～−59.3
			平均值	1.35	1.8	−0.45	−33.3
14	楼宇式热电联产（热）	燃煤发电与燃煤锅炉	变化范围	1.07～1.29	1.6	−（0.53～0.31）	−49.5～−24.0
			平均值	1.18	1.6	−0.42	−35.6
15	煤制气改天然气	倒焰窑烧煤	变化范围	1.26～1.32	1.8	−（0.54～0.48）	−42.9～−36.4
			平均值	1.29	1.8	−0.51	−39.5
16	天然气替代煤制气	玻璃工业 灯工、熔化	变化范围	1.01～1.35	1.8	−（0.79～0.45）	−78.2～−33.3
			平均值	1.27	1.8	−0.53	−41.7
17	楼宇式热电联产（热）	燃煤发电与燃煤锅炉	变化范围	0.82～1.16	1.6	−（0.78～0.44）	−95.1～−37.9
			平均值	1.07	1.6	−0.53	−49.5%
18	燃气联合循环冷电联产	燃煤发电与电制冷	变化范围	0.84～1.13	1.6	−（0.76～0.47）	−90.5～−41.6
			平均值	1.06	1.6	−0.54	−50.9
19	天然气替代燃煤	烧结		1.164	1.8	−0.636	−54.6
20	燃气锅炉	卧式燃煤锅炉 1t/h＜功率≤4t/h	变化范围	0.96～1.35	1.8	−（0.45～0.84）	−33.3～−49.6
			平均值	1.13	1.8	−0.67	−59.3
21	天然气替代燃煤	加热炉（锻炉、铸工烘炉与退火炉等）	变化范围	0.9～1.08	1.8	−（0.9～0.72）	−（100～66.7）
			平均值	1.05	1.8	−0.75	−71.4
22	燃气锅炉	卧式燃煤锅炉 4t/h＜功率≤10t/h	变化范围	1.35～0.90	1.8	−（0.45～0.90）	−33.3～−100
			平均值	1.04	1.8	−0.76	−73.08
23	楼宇式热电冷联产（冷）	燃煤发电与电制冷	变化范围	0.51～0.96	1.6	−（1.09～0.64）	−213.7～−66.7
			平均值	0.92	1.6	−0.68	−73.9

续表

序号	天然气用户	替代燃煤方式	说明	购煤费（元）	购气费（元）	气与煤费之差（元）	燃料费降低（%）
24	燃气锅炉	燃煤锅炉 功率 >10t/h	变化范围	0.90 ~1.13	1.8	－（0.67 ~0.90）	−33.3 ~ −100
			平均值	1.01	1.8	−0.79	−78.2
25	直燃机式吸收机	燃煤发电与电制冷	变化范围	0.47 ~0.58	1.6	1.13 ~1.02	−240.4 ~ −175.9
			平均值	0.51	1.6	1.09	−213.7

注：在燃料成本分析中，参考北京市 2005 年各类天然气用户的价格，并适当考虑门站天然气价格的增长。

当地城市排放及减排成本

附表 5

序号	天然气用户	替代燃煤方式	说明	烟尘（g/Nm^3）	SO_2（g/Nm^3）	NO_x（g/Nm^3）	总替代排放量（g/Nm^3）	燃料增加成本（元/Nm^3）	减排燃料成本（元/kg）
1	家用燃气锅炉（如壁挂炉）	小型煤炉采暖	平均值	58.41	60.2	19.47	138.08	−1.25	−9.1
2	制药工业	制药工业	针剂封瓶、片剂挂糖衣	140	109.65	25.4	275.05	−2.07	−7.5
3	家用燃气用具与开水器	居民用户炊事热水	平均值	9.48	47.6	5.03	62.11	−0.25	−4.0
4	家用燃气锅炉（如壁挂炉）	小煤炉采暖（原煤）	平均值	256.26	63.7	21.61	341.57	−0.58	−1.7
5	化学工业	化学工业	加热、蒸馏、蒸发	16.1	54.74	12.88	83.72	−0.132	−1.6
6	食品工业	食品工业	平均值	14.85	50.49	13.37	78.71	−0.02	−0.3
7	烧气窑炉改烧天然气	烧气窑炉	平炉、加热炉、隧道窑等	14	47.6	15.4	77	0.12	1.6

续表

序号	天然气用户	替代燃煤方式	说明	烟尘 (g/Nm³)	SO_2 (g/Nm³)	NO_X (g/Nm³)	总替代排放量 (g/Nm³)	燃料增加成本 (元/Nm³)	减排燃料成本 (元/kg)
8	小型燃气锅炉	立式燃煤锅炉功率≤1t/h	平均值	128.94	46.8	12.24	187.98	0.45	2.4
9	冶金带焦改烧天然气	冶金带焦	炼铁	13.5	45.9	14.85	74.25	0.18	2.4
10	中餐灶、大锅灶、蒸箱、开水炉等	公共建筑炊事用户	平均值	8.8	41.3	4.37	54.47	0.25	4.6
11	烧煤窑炉改烧燃气	直接烧煤窑炉	平均值	14.5	49.3	13.4	77.2	0.6	7.8
12	倒焰窑改烧天然气	倒焰窑	平均值	11.5	36.55	10.75	58.8	0.51	8.7
13	天然气替代煤制气	玻璃工业灯工、熔化	平均值	9.08	30.86	9.22	49.16	0.53	10.8
14	燃气锅炉	卧式燃煤锅炉 1t/h＜功率≤4t/h	平均值	14.57	33.82	9.89	58.28	0.67	11.5
15	煤制气改为天然气	烧结		9.7	32.98	10.3	52.98	0.636	12.0
16	燃气锅炉	卧式燃煤锅炉 4t/h＜功率≤10t/h	平均值	10.25	30.2	8.69	49.14	0.76	15.5
17	天然气替代燃煤	加热炉(锻炉、铸工烘炉与退火炉等)	平均值	8.4	28.5	8.65	45.55	0.75	16.5
18	燃气锅炉	燃煤锅炉功率＞10t/h	平均值	4.93	23.21	7.78	35.92	0.79	22
19	燃气联合循环热电联产	燃煤锅炉的减排	平均值	2.11	5.1	2.4	9.61	0.32	33.3

续表

序号	天然气用户	替代燃煤方式	说明	烟尘 (g/Nm^3)	SO_2 (g/Nm^3)	NO_x (g/Nm^3)	总替代排放量 (g/Nm^3)	燃料增加成本 (元/Nm^3)	减排燃料成本 (元/kg)
20	楼宇式热电联产(热)	燃煤锅炉的减排	平均值	2. 37	5. 7	2. 88	10. 95	0. 53	48. 4
21	燃气调峰发电厂	—	—	-0. 04	-0. 02	-1. 63	-1. 69	0. 37	增排
22	燃气蒸汽联合循环发电	—	—	-0. 04	-0. 02	-1. 63	-1. 69	0. 42	增排
23	燃气蒸汽联合循环式热电冷联供(冷)	电制冷	—	-0. 04	-0. 02	-1. 63	-1. 69	0. 54	增排
24	楼宇式热电冷联供(冷)	电制冷	—	-0. 04	-0. 02	-1. 63	-1. 69	0. 68	增排
25	直燃机式吸收机	电制冷	—	-0. 04	-0. 02	-1. 63	-1. 69	1. 09	增排

附表 6

1kg 煤炭被天然气替代后的减排因子

序号	天然气用户	替代燃煤方式	烟尘	SO_2	NO_x	CO_2
1	家用燃气锅炉（如壁挂炉）	家用小煤炉采暖（原煤）	54. 6	13. 6	4. 6	1472
2	制药工业	制药工业	21. 7	17. 0	3. 9	1573
3	小型燃气锅炉	立式燃煤锅炉，功率≤1t/h	45. 9	16. 7	4. 4	1152
4	家用燃气锅炉（如壁挂炉）	家用小型煤炉采暖（型煤）	10. 8	11. 1	3. 6	1205
5	化学工业用天然气加热	化学工业煤加热	5. 0	17. 0	4. 0	1506

续表

序号	天然气用户	替代燃煤方式	烟尘	SO_2	NO_X	CO_2
6	食品工业	食品工业	5.0	17.0	4.5	1354
7	烧煤窑炉改烧天然气	直接烧煤窑炉	5.0	17.0	4.6	1443
8	烧气窑炉改烧天然气	烧煤制气窑炉	5.0	17.0	5.5	1421
9	冶金带焦改烧天然气	冶金带焦	5.0	17.0	5.5	1396
10	家用燃气用具与开水器	居民用户，炊事热水	2.5	12.7	1.3	1083
11	燃气调峰发电	燃煤调峰电厂	1.5	15.4	5.6	1389
12	燃气锅炉	燃煤锅炉‘1t/h <功率≤4t/h	6.2	14.4	4.2	1176
13	倒焰窑改烧天然气	倒焰窑	5.3	17.0	5.0	1223
14	中餐灶、大锅灶、蒸箱、开水炉等	公共建筑炊事用户	2.7	12.7	1.3	1083
15	燃气联合循环热电联产	燃煤发电与燃煤锅炉	1.4	15.4	4.9	1408
16	楼宇式热电联产（热）	燃煤发电与燃煤锅炉	1.5	15.4	4.7	1128
17	燃气蒸汽联合循环发电	燃煤发电	1.5	15.4	5.5	1460
18	燃气锅炉	卧式燃煤锅炉，4t/h <功率≤10t/h	4.9	14.4	4.1	1133
19	煤制气改为天然气	烧结	5.0	17.0	5.3	1134
20	天然气替代煤制气	玻璃工业、灯工、熔化	4.3	14.6	4.3	917
21	燃气联合循环冷电联产	燃煤电厂发电与电制冷	1.5	15.4	5.2	1287
22	天然气替代燃煤	加热炉（锻炉、铸工烘炉与退火炉等）	4.4	14.9	4.5	838
23	燃气锅炉	燃煤锅炉，功率 >10t/h	2.6	12.2	4.1	1137
24	楼宇式热电冷联产（冷）	燃煤发电与电制冷	1.6	16.8	5.9	1361
25	直燃机式吸收机	燃煤发电与电制冷	1.4	15.4	2.3	499

说明：单位：g/ kg。